LOCUS

LOCUS

LOCUS

LOCUS

touch

對於變化，我們需要的不是觀察。而是接觸。

a *touch* book
Locus Publishing Company
11F, 25, Sec. 4 Nan-King East Road, Taipei, Taiwan
ISBN 978-986-213-169-5 Chinese Language Edition

Instinct

March 2010, First Edition
Printed in Taiwan

創造成功本能
作者：Thomas L. Harrison
譯者：邱如美
責任編輯：湯皓全　美術編輯：蔡怡欣
法律顧問：全理法律事務所董安丹律師
出版者：大塊文化出版股份有限公司　www.locuspublishing.com
台北市105南京東路四段25號11樓　讀者服務專線：0800-006689
TEL：(02) 8712-3898　FAX：(02) 8712-3897
郵撥帳號：18955675　戶名：大塊文化出版股份有限公司

總經銷：大和書報圖書股份有限公司　地址：台北縣五股工業區五工五路2號
TEL：(02) 8990-2588（代表號）　FAX：(02) 2290-1658
排版：天翼電腦排版有限公司　製版：源耕印刷事業有限公司
初版一刷：2010年3月

定價：新台幣280元

touch

創造成功本能

!nstinct

你是否運氣好，遺傳了成功基因
如果先天不足，又該如何彌補

Thomas L. Harrison & Mary H. Frakes 著
邱如美 譯

目錄

導論

查康（Victoria Chacon）在一九八七年離開祕魯老家來到美國。當年二十七歲的她，把年幼的兒子交給家人照顧，獨自一人離鄉背井。她一句英語都不會講，在美國也沒一個認識的人。「我每天醒來都是孤零零一個人，身旁沒有家人，沒有兒子，沒有朋友，我的整個世界都沒了。長達好幾個月，不騙你，我白天哭，晚上也哭。」她做兩份工作，在亞特蘭大的兩家旅館分別擔任清潔工領班和餐廳雜工，從清晨六點一直工作到深夜十一點半，同時還要抽空猛K《十五天學會英語》（*How to Learn English in 15 Days*）。

當朋友告訴她，經由喬治亞勞工局（Georgia Department of Labor）轉介的工作，薪資比她打掃房間一小時賺四・二五美元高出很多時，她找人開車帶她前往登記。招募人員在賀梅爾食品公司（Hormel Food Corp.）安排一場面試，但是提醒查康，雖然她在勞工局的筆試取得高分，可是她的英語實在太破了。面試查康的賀梅爾公司經理也這麼說：「我手上有數百封應徵函，他們的英語很溜，又有經驗。我爲什麼要給你這份工作？」

「我告訴他，『我要的只是一個機會。我們訂個協議。你讓我來工作一個星期。一星期後，你可以安排我與你的高手員工一起工作，我將會擊敗他們。如果你仍然對我的工作表現不滿意，可以不必付給我薪水。』我猜想，那打動了他。」她獲得一份時薪九美元，在醃肉部門值夜班的工作。她辭掉原先一家旅館的工作，但是仍然找出時間，利用週末在跳蚤市場賣童鞋。

幾個月後，有位朋友提到他的營建商老闆，要找人打掃一棟正在油漆的房子，問查康想不想接那份工作。「我問他們打算付多少錢。他說，『這個嘛，房子相當大，因此，我猜他們大概會付你一千二百美金。』那位營建商又把我推薦給他的同業，我的事業也就從此展開。」

她雇用了兩位旅館工作時的同事。長達三年多，她白天帶著廣告傳單和名片從一個工地走到另一個工地，然後再回賀梅爾公司上夜班。當亞特蘭大爭取到奧林匹克運動會主辦權時，她成立了第二家公司，專門提供建築臨時工。除了這兩家公司，當時的查康還在探索一個很特別的機會：「我看到拉美移民社區成長非常快速，於是我說，『我們需要一份爲同胞發聲的刊物，好讓講美語的社區瞭解拉丁裔社區裡發生的一切事情。』」二〇〇〇年五月，她創辦了《願景》（*La Vision*），一份從拉丁裔居民的觀點出發，發行遍及整個喬治亞州的雙語報紙。

與查康的故事形成對比的，是一位全球性金融資訊公司前任副總裁。他在所屬事業部門被裁撤後，試圖創辦一家小型的獨立顧問公司，但是並不認眞。隨著資遣費用罄，顧問公司陷入存續掙扎，他決定還是重回企業上班較爲穩當。可是，此時的他已經年過半百，離開職場也已兩年。他要找工作其實很困難。他被認爲資歷太高，他的經驗在這個變化快速的領域也已過時，何況雇主可以找到比他年輕又願意接受較低薪資的員工。他不明白自己哪裡出了問題，也不知道接下來該怎麼做。

究竟是什麼原因讓一個人無法持續成長以因應變化，成爲另一個無視於種種阻礙，不斷進步而成功的查康呢？有些人生來具有必定成功的特質嗎？成功是DNA中某種成分還是後天所學的能力的產物呢？或者，成功既是得自遺傳、出於本能的天賦，又能透過利用後天所學的技能和能力，在人生的關鍵時刻予以強化的混合體？隨著人類基因圖譜浮現，科學家已經開始解答這些問題。新的研究每天都在推翻有關人類行爲中，多少是後天所學，多少又是與生俱來的種種假設。

我先後當過廣告客戶專員、藥廠銷售代表、創業家（entrepreneur），現在是企業裡的高階主管——一位內部創業家（intrapreneur）。對父親在馬里蘭州經營食品雜貨店的小鎮男孩而言，這已經是相當難得了。不過，我原本所受的訓練是在細胞生物學領域。我從做研究的科學家轉到擔任企業執行長，說明了人們可以利用既有的能力基礎達到意想不到的結果，在過程中培養出對成功的癖好。我的例子顯示，生涯發展不需要，通常也不會是直線進行的。

我現在是多元廣告公司（Diversified Agency Services, DAS）總裁兼執行長。DAS是市值數十億美元，知名的歐姆尼康集團（Omnicom Group Inc.）旗下，規模最大、獲利最高、成長最快速的子公司。我們的集團擁有超過一百五十個性質不同，又相當有特色的利潤中心。DAS在全球各地有數百個辦公室，業績接近母公司營收的半數。DAS的運作有如一個人才控股公司，能營造虛擬、靈活、策略性調整的團隊，代理客戶的特定行動方案。DAS就像是歐姆尼康集團的感受器神經細胞（receptor nerve cell）。我們嘗試扮演吸收機制，策略性地收購企業，讓DAS和歐姆尼康在所涉獵的競爭領域中保持領先地位，增強全球性人才供應能力，或爲持續成長開創可獲利的新市場。

多年來，我從與多位創業家共事的經驗中瞭解到，成功的創業家確實有些異於大多數人，或較不成功創業家的特質。我們認識一些被稱爲「天生創業家」的人。確實，這些人似乎都具有某些像他們的髮色般與生俱來的特質（有些例子甚至是渾然天成！）。

《創造成功本能》（*Instinct: Tapping Your Entrepreneurial DNA to Achieve Your Business Goals*）就是要揭露，成功者如何善用得自遺傳的人格特質，以及學習彌補個人不足之處。書中訪談的對象很多正巧是創業家，但是他們所具備的特質其實是任何人立足商場所不可或缺的。即使你遺傳了重要的潛能，還是需要學習相關技巧和心態，協助你將它轉換成發展事業生涯最有力的創業態度。無論擔任何種職務，每個人都需要把自己的工作生涯視爲經營一個一人企業，努力追求一幅個人的成功圖像。

假如你認爲自己在遺傳樂透上運氣不佳，你依然會成功，前提是，你必須清楚自己的起跑點，更重要的，你必須曉得如何彌補先天上可能欠缺的。本書提供一份路徑圖，指出哪些態度與行爲能夠協助你善用天賦，彌補自覺先天不足之處。本書讓你瞭解如何活化你的「成功基因」(success genes)，彌補自身弱點，以及根據本能做出更理想的決定，成就我所說的「成功DNA」(the DNA of success)。企業要有行銷計畫，你也同樣需要。成功DNA也就是個人行銷計畫。這麼做會協助你、你的員工及你的組織有最好的表現，發揮最大潛能。

本書透過真實案例，以及探討遺傳學、生物學、進化論與心理學之間關聯性的最新研究，說明了工作生涯、企業及人生方面的成功通常取決於，你是否能利用種種本能，持續成長並因應不斷變動的環境。

要培養成功DNA，你必須：

- **整理一份遺傳清單**。瞭解你的遺傳資產、天生能力，並且確定自己的起跑點，讓你能夠由此開始成長，擬出追求成功的種種策略。在第一章，你會看到一份創業性格測驗（Entrepreneurial Personality Quiz），幫助你瞭解基因對你的性格的影響。
- **啓動你天生的長才，協助處理本身的弱點**。即使是好的基因，如果不能發揮作用還是枉然。任何人都有某些先天優勢，但是，重要的是懂得如何啓動它們，並藉以彌補可能不足之處。七種行爲扮演著「成功啓動子」（Success Promoters）的角色。少了它們，你的基因可能無法表現。藉著它們，你可以將所擁有的天賦發揮到極致，彌補自覺可能欠缺的部分。

- **利用那些成功啓動子做出更好的決定**。我們的行動是「我們與生俱來」（what we're born with）和「我們後天所學」（what we've learned）兩者的交集。利用你對自己的瞭解做出好的決定，結果將會形成一個「良性循環」。它們會教導你怎麼做有效，將你的本能訓練成未來做出更好決策的指南。

《創造成功本能》借鏡了各行各業中傑出成功者的經驗。其中很多是美國企業界備受推崇的知名人士，有些人的成就則比他們的名字更響亮。還有一些不可思議的成功故事其實是名不見經傳的創業家。有些人符合創業家的傳統定義，例如擁有全美最多辦公大樓和公寓住宅的股本集團投資（Equity Group Investments LLC）的創辦人兼總裁澤爾（Sam Zell），或在電腦、餐飲、礦業、能源及工藝品零售等領域中，若非獨資創業，就是帶頭集資的懷利（Sam Wyly）。有些人則是在企業環境中充分展現成功創業家特質，像曾領導漢堡王（Burger King）轉虧爲盈的經營奇才吉本斯（Barry Gibbons），當年在ＩＢＭ狂熱鼓吹網際網路事業，扮演內部創業家的派屈克（John Patrick），或像美國航空（American Airline）的克蘭道爾（Robert Crandall）之類的經營創新者。他們如何學會啓動個人潛能，克服種種障礙的故事，有助於辨識出可以預測成功的心理特徵，以及抵銷弱點的行動和經驗。藉由建議實際可行的步驟，這些故事可以協助我們在心理上進行自我的「遺傳基因改造」(genetic re-engineering)，發展能使我們適應、存活、成長及成功的性格和想法。畢竟，我們即使擁有與生俱來的強烈創業慾望和性格，如果無法辨認出來，並且策略性地加以運用，都會受到抑制而無從發揮。

關鍵在於逐步發展，這在企業、工作生涯及人生皆然。就我的生涯發展而言，從研究分子生物學轉入銷售和行銷，到創辦廣告公司，乃至成爲執行長，看來或許不連貫。不過，回顧過往，各種不同面向的我正是由逐步發展成形的想法結合起來。這裡面包含嘗試新事物，與人充分溝通，吸引人的性格，順其自然卻又自信滿滿，瞭解自己並能雇人截長補短，追求喜歡的事物，敢冒險且把風險看成是機會。還有，我和客戶、同僚之間絕對坦誠相待；做不到這一點，其他一切毫無意義可言。這些特質並非我個人所特有，本書中的成功者同樣有。你當然也有。這些故事和建議將協助你釋放遺傳潛能的力量，達成屬於你的成功。

幾個世紀以來，演化論一直在精鍊我們的遺傳指令，協助我們成爲生生不息的物種。傳衍下來的DNA就是有用的DNA。同樣的道理，這些高成就者的建議，也就是使得他們如此成功的性格、態度、行爲及決定，也可以像一種「思想DNA」(DNA of ideas)般被傳遞下去。我們可能沒有他們的遺傳密碼，但是我們可以利用他們的經驗和知識，充分發揮我們本身的經驗和知識。

我在此做一項大膽預測：如果你擁有這種「創業DNA」(entrepreneurial DNA)，你**一定**

會成功。未必是以你所預期的方式，未必在你所預期的時間內，但是你會成功——不管成功對你而言代表什麼意義。如果你發揮能夠豐裕創業家DNA的成功啓動子，你的行事爲人將會更加得心應手。

我必須聲明，本書並非嚴謹精確的科學性調查。因爲我很早就離開實驗室。不過，我嘗試提出過去多年來觀察到的科學研究和趣聞軼事，說明創業家具有一種天生傾向，會以某種導致他們成功的方式進行思考。啓動那種傾向需要靠某些行爲，但是傾向本身是先天存在的。傾向是一種本能。它不必然保證成功，但是少了它似乎是創業行動功敗垂成的顯著特徵。這方面的研究還在起步階段，但是很多跡象顯示，實驗科學將愈來愈能證實我的實務經驗和觀察。

對那些原本可以是，也應該是，可是卻無緣當上創業家的人，我要爲本書未能及早出版而致歉。或許，它本來可以提供你克服忌憚短期風險所需要的動機。你肯定也已經體會到長期下來的得失。

或許，爲時不晚。誠如人類基因體計畫（Human Genome Project）主持人柯林斯（Francis S. Collins）所言，繪製人類基因圖譜只是「開始的結束」（the end of the beginning）。有關基因如何影響我們學習、成長及行爲舉止的種種發現，尙處於初期階段。就像存在DNA裡的資訊必須被解碼和複製，你的細胞才能利用它，本書可以幫助你爲自身的「成功DNA」解碼。期許所有想更有斬獲的「準」創業家（near-entrepreneurs），閱讀本書，做次深呼吸，冒點風險，並且眞正樂於追求自己的生涯，而非別人的或別人替你安排的生涯。你可以規劃自己的未來。享受屬於你的成功。

1
關鍵的百分之五十
清點你的遺傳庫存

- 基因可以是隱性的。
- 基因的運作並非處於真空狀態。
- 基因不是複製版。
- 基因影響你的環境——反之亦然。
- 基因可能因遺傳自父親或母親而有不同表現。

柯普羅維茲（Kay Koplovitz）三歲時，央求能跟姊姊一同上幼稚園。「我問媽媽，『爲什麼我不能也上幼稚園？我知道怎麼去，我找得到路。』於是，我就自己一個人出發了。」老師們試著把她送回家，可是沒有用，柯普羅維茲說：「我會一轉身，馬上又走回去。」

同樣的決心讓柯普羅維茲後來以創新做法走在時代前沿，她創辦了美國衛星電視網（USA Network），成爲第一位電視聯播網的女性領導人。柯普羅維茲並不具備成爲企業領導人的傳統背景：就像我，她大學學的是理工。但是理工背景讓她察覺到一個機會：透過衛星把節目傳送給有線電視公司，而不是像三大廣播電視公司利用電話線的做法。

柯普羅維茲沒讀過商學院，但是她的想法和能力中有一種把事情做成功的創業家的信念。她說，「我當時並不認爲是在冒險。對一般人而言，看到的可能只是一個機會。對我而言，即使還未發生過，也像白紙黑字清清楚楚，它就像是一個歷史事實。比起其他很多事情，我更確定它將會成功。我眞的認爲，人們能容忍風險的程度是天生的。」

很多事情會決定一個人的性格，但是科學家開始發現，性格中與生俱來的部分其實遠多於原本想像。科學家也發現，性格差異大約百分之五十來自遺傳。根據多年來接觸創業家和創業理念者（entrepreneurial thinker）的經驗，我開始相信，要判斷一個人最後能否成功，離不開他得自遺傳的人格特質組合。

成功ＤＮＡ其實是**你**專屬的成功ＤＮＡ。不論你的生涯道路看來多麼另類，瞭解ＤＮＡ

會讓你做出更好的生涯決定，持續朝能成功的方向發展。成功DNA對想成爲創業家的人尤其重要。任何一項創業都需要從一個機會、一個人及一個點子開始。如果當事人不具有創業DNA，那個點子可能很快就無疾而終。

創業家是天生或後天培養的？

有些證據顯示，創業理念通常會在家族中世代相傳。在一些例子中，家族確實是創業家的溫床。伯格父子（John Bogle Senior 與 John Bogle Jr.）就是其中之一。他們父子在共同基金產業各自創辦自己的公司。過程中，他們其實也是延續一個幾代以來的傳統。老伯格的外祖父阿姆斯壯（Philander Bannister Armstrong）創立了鳳凰壽險互保公司（Phoenix Mutual Life Insurance Company）。老伯格的祖父當年則是一家罐頭公司的共同創辦人。而新一代的表現也不遑多讓。小伯格表示，他在女兒身上看到一種逆向操作、勇於冒險的態度。兒子則比較謹慎，但是也展現出父親和祖父特有的分析傾向。

伯格家族只是具有創業傾向的家族之一。在西雅圖，有個家族前後三代共出現九位創業家：毛格（Larry Mounger）、他的兩個兒子和兩個女兒，以及四位第三代晚輩。孿生兄弟泰德・克雷斯納（Ted Kleisner）和佛瑞德・克雷斯納（Fred Kleisner）則是另一個例子。佛瑞德是溫丹國際集團（Wyndham International）的董事長兼執行長，也曾是喜達屋國際飯店集團

(Starwood Hotels and Resorts) 的總裁和營運長，旗下包括威斯汀 (Westin)、喜來登 (Sheraton)、聖瑞吉 (St. Regis) 等連鎖飯店。泰德則是世界知名的綠薔薇酒店 (Greenbrier Resort) 的總裁兼總經理。他們不僅是同一個產業的企業領導人，也是第三代的旅館經營者。

我也在自己家人中看到這種傾向。我的兩個兒子都展現出創業本能。身爲大一學生，他們努力考取不動產執照，在學生時代就賺到一些錢，一個兒子還告訴我，他想在畢業後創辦一家公司。我的女兒則把她的音樂製作成光碟販售。事實上，我的三位子女可能都是天生的創業家。他們從小就在紐澤西州開普梅海邊 (Cape May) 販售貝殼。人們在沙灘上漫步，撿貝殼，也向我的孩子們買貝殼。

很多研究顯示，父母中至少有一人是老闆的話，孩子將來自己創業的可能性較高。這是否與基因的作用有關？如果是的話，這種作用又是如何產生的？或者，這純粹是有樣學樣的結果，也就是科學家所說的印記現象 (imprinting)。創業本能是在嬰兒呱呱墜地前就已形成，或是像我和內人當年爲三位子女所做的，老媽或老爸在自家前院幫孩子設冷飲攤子時出現？

小時候有機會接觸創業情境顯然十分重要，其中產生作用的方式和原因將留待第二章探討。此外，有些創業技能也確實必須經由學習而來。沒有人生來就曉得如何整理出完善的創業計畫、取得財源或應付新創企業內部所有相關作業。

不過，環境並不能說明一切。本書所訪談的成功人士中，很多人表示自己從小看著家人創業長大，也有很多人的說法正好相反。當你碰上一位天生的創業家時，你通常感覺得出來。

密西根大學澤爾路利創業研究中心（University of Michigan's Zell Lurie Institute for Entrepreneurial Studies）執行主任金尼爾（Thomas Kinnear）指出，「我認爲那些一次又一次創業的人，可能有些與生俱來的特質。他們的染色體中必定有特別之處。我的兄弟是創業家，我的祖父是創業家，曾祖父也是創業家。即使在不刻意的情況下，我也參與過九家新創企業。我雖然從事教職，冥冥中似乎也擺脫不掉。」

我不斷看到人們熱切地踏進我的辦公室，推銷不錯的點子。他們的提案可能很棒，也可能都比我聰明，甚至還具有個人魅力。但是，最終會成功的人似乎都還有某種獨特之處——不光只是聰明才智、好點子及勤奮工作的意願而已。

那究竟從何而來？要解答這個問題，不妨先思考創業**行爲**和創業**性格**之間的差異。我的老爸當年經營一家地方性食品雜貨店，這是一個創業行爲。表現創業行爲的人不一定會成功，他們的創業行爲也未必會遺傳給後代。創業精神其實會表現在很多與創辦企業無關的方面。

金尼爾表示，「科學上雖然尚未證實創業與遺傳的關聯性，但是，從一些趣聞軼事中，你多少可以看出它確實存在。有些創業家子女的能力可能退化到與一般人差不多，可是他們的創業精神還是比一般人強，並且至少維持幾代。當然，如果他們坐擁金山，也有可能變成另一個芭莉絲・希爾頓（Paris Hilton）。」（譯註：巴莉絲・希爾頓爲希爾頓飯店集團繼承人，身兼模特兒、演員、歌手等，常因放浪形骸的行徑引發爭議。）

生物學的貢獻就是爲性格提出遺傳學的基礎。本能地抓住機會，爲追求某個願景鍥而不捨，說服別人相信自己的點子有價值，這些都是能像創業家般思考的特徵。無論你是經營一家食品雜貨店，領導開發某項重要產品或創辦某個部門，重整一家經營不善的企業，還是帶頭推動一項社區計畫，它們也是今天能幫助你當下成功的特質。

科學界尚無法明確回答，創業特質是先天稟性或靠後天培育的問題。我當然也做不到。但是科學研究已經證實我多年來接觸數百位創業家和成功者的疑問：那些行爲並非全靠後天的學習。在一九五〇年代，很多科學家認爲，人類根本就是環境的產物——箱子裡被訓練壓下控制桿以取得獎賞的白老鼠。不過，愈來愈多的證據顯示，性格中某些部分多少與先天遺傳有關。你即使不是出身創業家家庭，仍然可能具有某些基本的人格特質，讓你在創業思考上享有優勢。

不意外地，基因在我們的性格中扮演相當重要的角色。畢竟，每個人從眼球顏色到罹患某種疾病的風險，都是由基本的遺傳密碼所控制。那些遺傳指令（genetic instruction）會影響每個人的大腦對周遭事物的理解與反應，也是很合理的推論。

創業性格遺傳性的科學依據

要瞭解創業精神是如何遺傳，不妨先看看基因如何影響我們。基因中含有我們體內每個細胞的發展藍圖。每個細胞都有一份製造整個人體所需要的全部資訊，而這也是爲什麼桃莉羊能憑著單一細胞複製完成。基因不只關係到髮色、身高及會不會禿頭。在導致罹患癌症、糖尿病及心臟病等疾病風險上，基因的角色也日益明朗。

顯然，基因影響著生理問題和性格特點。不過，科學家開始發現到，基因還會影響我們的行爲方式。人類基因體計畫（Human Genome Project）的成功，使科學家能把細胞和大腦的運作連結起來。他們發現基因和酗酒、精神分裂症、躁鬱症、肥胖症、憂鬱症，甚至抽煙習慣之間，存在關聯性。

今天，科學界才剛起步探究基因如何創造出這類行爲傾向。有些科學家相信，基因會指揮腦部發展，包括從出生之前到呱呱落地之後。基因可能設定某些人大腦中的某些部分，發展出比其他人更多的連結網絡。比方說，研究發現女性左半部和右半部大腦之間的連結比男性多。有些人則認爲，機械過程（mechanical process）比發展過程（developmental process）更重要。因爲基因會指揮腦部製造和傳導多巴胺（dopamine）等影響心情的化學物質。還有些人則相信，兩種過程其實是相輔相成。

不論眞正的過程如何，最重要的一點是：我們對基因的重要性，以及它們如何形塑人類日常行爲的瞭解，都還在起步階段。隨著人類基因體的解碼，我們才剛解開這些謎。然而，企業已經開始向消費者推銷基因檢測（genetic test），以滿足顧客想知道自身罹患某些疾病的可能性，或體內處理營養成分、藥物或環境壓力的能力的需求。我相信，等我那襁褓中的孫子到了我的年紀時，我們會知道自己的某些遺傳密碼，以及它們對我們的生命所代表的意義，就像我們現在知道自己的膽固醇高低一樣。

基因與性格

我不久前聽到一個故事，讓我聯想到基因的奧祕。有位男士看著四歲的兒子做一件任何小孩都會做的事情：表演跳舞。觀賞的同時，他覺得小男孩的舞蹈有種似曾相識的感覺。他突然意識到，男孩的動作和他當年看過年邁父親所表演的一模一樣。而男孩的祖父已經過世三十年了，當時男孩尙未出生，根本不可能學到那些舞步。

正如我先前提到科學家的發現，性格差異約有百分之五十與基因有關。爲人父母者都知道，有些子女生來性格開朗、體態優雅或求知慾強，而其他子女即使出生在同一家庭，就是不一樣。子女小時候表現出來的性格，未必能用所受的教養來解釋（我可以聽到爲人父母者正大大地鬆了一口氣）。

新興的行為遺傳學也開始提出一些有趣案例，證明性格具有強烈的遺傳特性。多起研究證實，一出生就分離兩地的雙胞胎之間存在驚人的相似性。以下就是科學家近年來提出的種種研究發現：

- 在一個著名的案例中，被分開扶養的同卵雙胞胎通常擁有類似的職業、幽默感、習慣及意見。
- 一個人的整體快樂程度似乎是由遺傳基因決定。研究人員發現，要預測一位雙胞胎的快樂程度，觀察另一位雙胞胎的快樂程度的準確性，高於參考教育程度、收入或身分地位。
- 基因似乎會影響一個人開始和持續抽煙的傾向。
- 每個人的焦慮程度，可能是受到某一特定基因在複製方式上的差異影響。科學家發現，就這個基因而言，某種變異與自信和愉悅有關；另一種變異似乎會促成長期焦慮。
- 另一個基因的排序轉換則可能影響當事人長期憂鬱。不可思議的是，我們擁有估計多達二萬到三萬個基因，而其中近半數被視為「垃圾基因」（junk DNA）。
- 在紐西蘭一項針對童年受虐的男性所做的研究中，某一特定基因的活動力似乎會影響這些男性後來會不會成為罪犯。研究發現，體內這個基因非常活躍的人表現還不錯，這個基因活動力低的人，成為罪犯的可能性則高達四倍。

●科學家可以藉由終止某一基因的功能而使老鼠變得有攻擊性。恢復該基因的功能，老鼠又會平靜下來（在你說「我是人，不是老鼠」前，別忘了我們有大約百分之九十八的基因與老鼠相同）。

●一項針對七百位青少年及其父母所做的研究發現，在青少年的反社會行爲、憂鬱、學業表現及社會責任方面，遺傳因素佔了**百分之七十一至八十九**不等的比重（諷刺的是，這項研究早先試圖證明，影響青少年行爲的是朋友和其他影響力，而非基因）。

有些科學家甚至試圖突破性格受基因影響的說法。他們把性格中的某些層面與特定基因連結。比方說，追求新奇事物的興趣被認爲與D4DR基因的變異有關，不過這項發現至今尚未被完全證實。

最近一項研究尤其令人玩味。研究人員在比較雙胞胎的領導行爲和人格特質時發現，人們在領導表現上的差異，基因的影響大約是百分之三十。其他因素幾乎全屬所謂的「非共通的環境影響」（non-shared environmental influences），也就是人生歷練、事件及家庭以外的其他人的影響。家庭在統計數據上的關聯性似乎微乎其微。

我離開實驗室已經很久，因此，我沒有立場從科學的角色論斷這些研究計畫的準確性。但是，它們說明了人們對基因的影響力瞭解還很膚淺。它們也爲基因對性格和行爲的影響提出有力的證明。

這些研究也支持我多年來的觀察。有些人生來具有創業成功所需的創業傾向、工作習性、風險的承受性，及解決問題的能力。他們可能學過強化那些傾向的技能，也可能擁有透過正向或反向作用，助長那些傾向的環境。但是，就像牆上攀爬的常春藤，後天學得的技能和環境還是需要建立在某種基礎上。擁有基礎的幸運兒並不保證就會成功。那只意味他們可能在起步時，因某些促進成功的特質而多了一份助力。

教父披薩（Godfather's Pizza）前總裁凱恩（Herman Cain）說，「我的媽媽喜歡說，『你年紀愈大，愈像你爸爸。』我的父母都是善於與人相處的人。我遺傳了那種對人感興趣的傾向。家父比家母更好交際，他就像一塊磁鐵。他一走進房間，人們都會被他吸引過來。坦白說，我遺傳了那一點。」

布蘭森（Richard Branson）之所以出名，就是他敢以驚人之舉行銷英國維京集團（Virgin Group）。布蘭森的母親年輕時也以大膽作風著稱。她當過歌舞喜劇演員（讓父母震驚不已），說服一位飛行教練讓她駕駛滑翔機（「對方說，我只要能夠穿著看來像個男人，就可以做那件事」）。爲了賺錢貼補家用，她還製作藝術品販售。

家庭倉庫（Home Depot）的共同創辦人亞瑟・布蘭克（Arthur Blank）的母親莫莉・布蘭克（Molly Blank）說，「亞瑟是個堅持的人。」她自己就是如此。她在丈夫過世之後，接掌亡夫生前創辦的藥品供應公司，經營得有聲有色，直到最後才賣掉它。

珍・史考特（Jane Scott）談到兒子，飲料集團 Nantucket Nectars 的共同創辦人湯姆時，也說，「湯姆是個煽動家，他總是那個帶頭的人。」

「那多少是遺傳，」克蘭道爾（Robert Crandall）說。這位美國航空（American Airline）公司前總裁提起《紐約時報》（*New York Times*）一篇十七歲女孩不屈不撓精神的報導。報導中描述她儘管出身貧寒，仍在學校努力保持好成績。「或許，她是匈奴王阿提拉（Attila the Hun）的後裔，那是一個非常有毅力的人。」

我要表明的是，這一切與智能完全無關，至少我認爲如此。就某方面而言，智能受學習和環境因素影響的程度甚至比性格高。智能也不等同於「成功基因」（success genes）。以我個人爲例。我在整個求學過程中拚命讀書，但是，我能成功不完全仰賴好成績，可以說，當我解決企業問題時，其實比參加紙筆考試更快樂。我要強調的是，一個人要逐夢成功，贏在起跑點的其實是人格特質。

你的起跑點如何？

這一切的一切跟一本商業書籍有什麼關係呢？我的回答是，考量所有關於基因如何影響性格和行爲的科學資訊，善用你的遺傳背景以增加成功的可能性，才是商場勝出的合理做法。

如果你與生俱來善於分析、豪邁率直或感情豐富的性格，善用這些天賦的長處，而非試圖把自己放進一個違反本性的框框，難道不是明智的做法？

科學家認爲我們的性格中有五大層面具有高度遺傳性。每個人的性格也正是這些特質的獨特組合。早從一九五七年開始，研究人員不斷賦予這些特質新的名稱：「五大特質」（Big 5）、「五因素模型」（five-factor model）都是。它們是很多科學性研究，以及人力資源部門經常採用的性格測驗的基礎。它們也促成本章稍後的創業性格測驗（Entrepreneurial Personality Quiz）。

這些特質並非像電源開關般運作。性格並非「要不就有，要不沒有」的狀態。就每一種特質而言，你的表現可能很強烈，極薄弱，或一般程度。五大特質（Big 5 Traits）都具有多重面向，你也因此或多或少都具有每一種特質。

在每一個人身上，那些特質和次特質（subtrait）會以某種獨特的方式組合。即使不存在任何環境影響，可能的組合方式也難以數計。當你加上環境對那些遺傳性特質的影響時，也就不難理解爲何每個人都是獨一無二的。

爲了方便記憶五大特質，柯斯塔（Paul Costa Jr.）和麥克魁（Robert McCrae）這兩位美國國家老人學研究院（National Institute on Aging）的研究人員，採用每項特質的第一個字母形成縮寫 **OCEAN**（海洋）：

開放學習性（**Openness to Experience**）：評量一個人接受新的經驗和想法的程度。某人喜歡每隔兩年換購新車，而非繼續駕駛原有的舊車，選擇新的旅遊地點，而非年復一年舊地重遊，可能就是開放學習性高的人。創新者、研究者、創業家，甚至一些行銷人通常都在開放學習性，或某些性格研究稱爲智能（Intellect）方面得到高分。

與開放學習性低有關聯的是……	**與開放學習性高有關聯的是……**
專注於眼前事物	富有想像力與創意
偏好例行常規和熟悉的事物	偏好多樣性和新奇事物
興趣不多	興趣廣泛
偏好傳統、舊事物	偏好原創性
不信任情感	重視情感
固執、教條化	靈活、可變通

勤勉審慎性（Conscientiousness）：評量一個人對完成工作的動機和審慎態度。守紀律、條理分明、做事有條不紊、可信賴及堅持不懈都是勤勉審慎性高的特徵。會計這一行可能就充滿勤勉審慎性高的人（在你問「近來很多金融弊案又怎麼說？」之前，別忘了，就心理學而言，勤勉審慎性並不等同於倫理道德。你可能極端勤勉審慎於追求一個有問題的目標）。

與勤勉審慎性低有關聯的是……	**與勤勉審慎性高有關聯的是……**
率性而爲	做事有條不紊
無條理	條理分明
不負責任	守時
做事無章法	盡忠職守
無企圖心	自律
做事拖延或置之不理	全力以赴
很快打退堂鼓	堅持不懈
不可信賴	可信賴

外向性（Extroversion）：評量一個人對活動和人的興趣高低。如果某個你認識的人總是活力充沛，熱中聚會，喜歡主導對話，並且勇於冒險，他很可能是外向性高的人（業務員就是一個典型的例子）。

與外向性低有關聯的是……	**與外向性高有關聯的是……**
獨來獨往	喜歡團體
不會主動與人接觸	爲人友善、直爽
非常孤僻	有衝勁
不愛刺激	喜歡刺激
較無活力	傾向正面情緒
喜歡悠閒步調	精力旺盛
被動	喜歡主導

親和性（Agreeableness）：評量一個人與他人合作，以及避免衝突的能力和渴望。一個自我犧牲、傾向順從權威、通常會信任別人、並且厭惡爭論的人，可能相當討人喜歡（行政助理要是沒有高度親和性，就不可能做好他們的工作）。

與親和性低有關聯的是……	與親和性高有關聯的是……
持懷疑態度	信任
有優越感	謙虛
不明確表態	坦誠、直率
傲慢	樂於順從權威
不合作	合作
冷面無私	利他且心腸軟
有攻擊性	不喜歡衝突
好競爭	自我犧牲

神經過敏性（Neuroticism）：評量一個人對感到沮喪、焦慮及敵意等長期負面情緒的整體傾向，有時被稱爲情緒穩定性或情緒控制能力。經常顯得悲觀、容易緊張及焦慮都是神經質（Neurotic）的特徵（藝術家往往給人高度神經質的刻板印象）。

與神經過敏性低有關聯的是……	與神經過敏性高有關聯的是……
冷靜	容易不安
無所畏懼	焦慮
不情緒化	容易被激怒
適應力強	容易沮喪
在壓力下沉著鎮定	在壓力下脆弱
能抗拒眼前誘惑	容易衝動
不會因在乎別人的看法而難爲情	在社交場合會緊張

五種特質會在大約三十歲以後趨於穩定。你的行爲可能隨著多年來學習種種技能和犯錯而改變，但是性格中的這些層面將影響你對外在世界的看法和直接反應。相關研究只不過證實了本書中很多受訪者的意見。費城七六人隊（Philadelphia 76ers）前總裁克羅斯（Pat Croce）的意見，就是典型的代表。「我不認爲你能改變自己的基本性格。人們可以競爭，可以屈服，也可以學習如何處理種種事情，但是，本性難移。我認爲你的硬碟被格式化，就像電腦一樣，差別在於你可以改變所採取的路徑。」

瞭解這些特質影響工作表現的深刻程度，對一人公司老闆或《財星》五百大企業領導人的重要性不言而喻，畢竟這攸關你個人以及那些與你共事的人。管理者必須指派員工適合的工作，給予成功的最佳機會。觀察遺傳性人格特質，也會成爲管理者在人員的任用和訓練決策，從員工身上獲取最大效能上面，更強有力的工具。

考慮一個人的天賦並不涉及歧視。相關研究已經證實，五大特質的表現是跨文化、性別及種族的。不過，這麼一來，管理者可能要針對特定工作篩分所需的人格特質，並且承認有些性格層面，即便訓練或接觸新經驗都很難改變。瞭解五大特質有助於你管理天賦和性格類型不同的人員。你可以分辨出人員可能在哪些特定領域需要額外協助，或適合在某些角色上發展。這類知識當然也能幫助你懂得如何經營自我，追求成功。

「但是我並不像我的家人！」

你或許會說，「但是，如果基因如此重要，爲什麼我跟其他家人如此不同？我的爸爸很懶散，是否意味著我注定也是一樣？」一點也不。原因如下：

- **基因可以是隱性的**。生理特徵通常隔代遺傳。合理假設，人格特質也是如此。
- **基因的運作並非處於眞空狀態**。基因的運作方式會受到遺傳指令在何時，以何種方式被啓動和執行的影響。正如科學作家馬特·瑞德利（Matt Ridley）在《天性與教養》（*Nature via Nurture*）中指出，科學家已經發現，遺傳指令其實比較像一份食譜而非藍圖。如果你在蛋糕麵糊中加入的材料完全正確，但是烤箱溫度設定太低，或烤的時間過久，結果照樣會走味。基因產生作用的方式也差不多。你的成長環境可能與父親當年不同。即使你們的個性一模一樣，你因爲學習與經驗與父母過去所學不同，基因的表現也將有所不同。
- **基因不是複製版**。你是兩套基因的混合體，也就是你父母的基因混合。父母又各自從他們的父母那兒遺傳了一套基因組合，祖父母輩又從曾祖父母輩遺傳了兩套基因。不必是數學大師都會明白，即使是在同一家族，那些基因可能的組合方式，爲數都極爲龐大。
- **基因影響你的環境——反之亦然**。如果基因賦予你稍微不同於某個兄弟姊妹的性格，你在所處環境中就可能表現出不同的反應和行爲。這種行爲差異使人們，包括你的父母，儘管力求公平，但是在對待你們每個人的方式上還是略有不同。不同的對待方式又會強化兄弟姊妹之間的性格差異。

• **基因可能因遺傳自父親或母親而有不同表現**。針對老鼠所做的研究顯示，某些所謂的「印記基因」(imprinted gene)，只有當它們透過父親遺傳時才會有作用，也有一些則是必須遺傳自母親時才有作用。源自母親的印記基因似乎影響著大腦中處理思維的部分，源自父親的基因則對大腦中掌管情緒的部分影響較大。

研究人員已經發現，生活在同一家庭與性格的關聯性不如基因密切。性格差異中，家庭等共同環境所能影響的部分大約不到百分之十。並且，到了一定年紀，家庭環境與我們是怎樣一個人的關係又愈來愈淡。

你的遺傳庫存

想知道你在五大人格特質中每一項的狀態嗎？以下的測驗能讓你瞭解，你的基因對自身長短處的影響力。釐清這一點，你又能掌握基因如何協助或妨礙你成爲創業家，也讓你明白可能需要補強哪些面向，做法不外親身經驗，或尋求其他彌補方式。答案沒有對錯，重要的是認清你個人的特質組合，以及如何發展、利用及應用它們。這項測驗並非正式的心理測驗，只是想讓你對自己的遺傳起跑點有概要的認識。

創業性格測驗

以圈選Ⓐ或Ⓑ的方式作答。每一部分的問題作答完畢時，總計被圈選的Ⓐ與Ⓑ的數目。

第一部分	A	B
你覺得自己比較樂於Ⓐ處理眞實、具體的情況，例如談成交易、贏得新客戶及檢討數據資料等，或Ⓑ想像尚未存在的新產品，以及你可能可以如何開發它們。		
你Ⓐ不會被大自然或藝術性的美強烈吸引，比較關心人、事及資訊，或Ⓑ對美的反應強烈，往往在一些事物中發現別人未發現的美，不論在藝術或大自然中皆然。		
你通常Ⓐ設法做到不讓自己的情緒影響經營決定，或Ⓑ非常清楚自己的行爲和決定如何受到個人感覺影響。		
當你在追求目標過程中遇到阻礙時，你比較可能對自己說，Ⓐ「只要堅持我的行動計畫且努力不懈，我就會達成目標」，或Ⓑ「也許有別的方法可以達到我的目標；再說，我寧可試試新東西」？		

當聚會的話題移轉到哲學等抽象概念或美學的討論時，你是否傾向於Ⓐ加入別的談話，你不想浪費心思在那無意義的辯論上，或Ⓑ發覺自己對聆聽各種不同的想法和意見感興趣，甚至可能加入談話？ ____

哪一項概念最吸引你：Ⓐ「卓越的傳統」或Ⓑ「以不同的方式思考」。 ____

第一部分總計： ____ ____

第一部分：開放學習性

這方面的特質所評量的是你對新的經驗和想法的接受程度。如果這部分的Ⓐ很多，你可能傾向於眼前事物、具體事物及既定規範。你習慣接受傳統、例行常規及熟悉的事物，勝過對現狀提出質疑。你可能不喜歡模稜兩可，希望有幾項明確的興趣。對於你認為與眞實世界沒有太大關聯或用處的事情，你往往感到不耐煩。在執行規定或專注達成銷售量等具體目標時，開放學習性低可能極有價值。

如果回答Ⓑ居多，你傾向做有創意的思考，嘗試新事物，興趣十分廣泛。大體而言，你的求知慾強，清楚自己的情緒，並且對重新檢視種種想法和信念持開放的態度。Ⓑ的得分高對發覺新機會和找出各種可行的做事方法都是一項資產。很多有創業精神的人，特別是那些確實創辦自己企業的人，都展現出高度的開放學習性。

第二部分	A	B
哪項說法比較符合你迄今的生涯發展？Ⓐ「如果我相信，我就能做到。」或Ⓑ「勝利總是一時的、局部的勝利。」		
如果你必須自行打理平日工作行程和行事曆，你會Ⓐ做得很好；大部分事情安排得條理分明，或Ⓑ錯過或遲到很多會議。		
如果被迫必須違背對最好的朋友所做的承諾，你較可能對自己說，Ⓐ「我要設法在最後信守承諾，否則無論如何也要在日後補償他」，或Ⓑ「唉！我們是好朋友，他會體諒的。」		
你一生的成就代表你是怎樣一個人。Ⓐ同意，或Ⓑ不同意。		
哪一種說法最能貼切說明，當你面對一個不喜歡的工作時的態度？Ⓐ「我愈早把它做完，愈早不必再想它」，或Ⓑ「我知道我遲早都必須做這件事，先忙其他事情吧。」		
當你要運用直覺做決定時，你Ⓐ會先花一些時間思考過所有問題後才這麼做，或Ⓑ仰賴一開始的本能反應，畢竟，那通常證明是正確的決定。		
第二部分總計：		

第二部分：勤勉審慎性

勤勉審慎性評量你控制衝動，按照計畫達成目標的能力。如果回答以(A)居多，你可能自認爲本身有能力把事情做好，並能掌控自己的命運。你認爲盡到對別人應有的責任很重要。你可能被視爲可信賴、堅持不懈、審慎，並且通常在思考和行爲上條理分明，有條不紊。如果在勤勉審慎性方面得分非常高，你甚至可能是一個完美主義者和工作狂。此外，你可能高度渴望獲得成就和肯定。在勤勉審慎性方面獲得高分，說明你具備一種確實執行並實現一項創業理念的天賦。

如果這部分的回答大都是(B)，你傾向衝動行事，有時候事情並未經過徹底思考。你在人們眼中可能是衝動、可變通及無拘無束的自由人。他們也可能認爲你反覆無常，不專注，不可信賴。你可能有長期目標，但是對追求或實現它們顯得鬆懈或甚至不在乎。你可能也容易因新的或不同的目標而分心，或耽擱達成目標的必要步驟。勤勉審慎性低的創業者需要設法加強本身衝動控制、專注、規劃及組織方面的能力。

第三部分

	A	B
當你遇到某個投合的人時，你比較可能(A)邀請他們到家中參加聚會，或(B)等待他們表示對聚會的興趣。		

當你參加過一場人數眾多的派對後，你是否較可能感覺Ⓐ充滿活力，甚至可能對離開那場派對感到可惜，或Ⓑ疲倦，並且準備獨自一個人好好安靜一段時間？		
當一場你參與其中但毋須承擔責任的會議似乎變得漫無邊際且無效率時，你Ⓐ試著接手主持會議，並且讓討論有焦點，或Ⓑ期盼情況好轉，討論能變得較有成效，並出現某種重要結論。		
度假時，你是否喜歡花較多時間Ⓐ盡可能多跑、多看、多做，或Ⓑ放輕鬆，閱讀及好好休息？		
如果你是一部車，你喜歡當Ⓐ一輛法拉利跑車（Ferrari Modena）從巴黎飆到達卡（Dakar），或Ⓑ一輛布加迪（Bugatti）老爺車，受到主人細心照顧和寵愛？		
人們經常提到你創造歡樂氣氛的能力：Ⓐ對或Ⓑ錯。		
第三部分總計：	—	—

第三部分：外向性

外向性評量你在主動與人接觸，以及與他人建立關係的自在程度。如果這部分的回答以Ⓐ居多，你樂於與其他人交際和交談。人們認為你是有衝勁、精力充沛且喜歡冒險；

你甚至可能被視爲「派對靈魂人物」（life of the party）的那種人。你喜歡忙碌，而且如果不忙就感到焦躁不安。一般而言，你可能大部分時候認爲自己是一個相當快樂的人。你傾向於喜歡興奮和刺激，而非平靜和安寧。外向性對於必須持續推銷個人產品的創業者會是一項優點。

如果回答大都是(B)，你可能傾向於有些低調和文靜。這不代表你不喜歡與人相處或反社會。你只是不像性格外向的人需要那麼多刺激和興奮，也較不可能獨自尋求刺激，雖然在別人帶動下你可能樂在其中。你比其他人容易獨處，也較不想要主導談話。眞的要交際，你可能偏好較小的團體。人們可能認爲你有點沉默寡言。外向性低的創業者需要注意的是，確保他們的內斂或不活躍不被誤解爲不友善或傲慢自大。

第四部分

	A	B
在與新客戶合作時，你是否傾向於(A)握過手後就展開行動，或(B)直等到所有合約簽訂完畢才開始？		
如果因爲發生更重要的事情，必須重新安排客戶會議時間，你比較可能(A)直截了當說明必須取消的原因，或(B)給客戶一個討他歡心的理由，即使只是部分屬實？		

同事有問題來找你，而問題並非他們自己造成，你可能Ⓐ樂於盡己所能提供協助，並且說，「我們都會有這種情形」，或Ⓑ協助對方但私底下覺得他們應該要自己處理好問題？		
如果一群同事堅持進行一項你確知會給公司帶來麻煩的計畫，你會Ⓐ心平氣和地指出問題所在，但是講明，不管大家想怎麼做你都會配合，或Ⓑ爲你的想法奮戰到底，即使那意味著某種嚴重衝突？		
當你在某件事情上成功，主要是因爲：Ⓐ你曾經獲得很多人的幫助，大好機會，加上一點點運氣，或Ⓑ你比很多人更努力工作，也更聰明。		
當目睹台上做報告的人因聽眾嚴厲質問而講話結結巴巴時，你在心裡Ⓐ同情對方，或Ⓑ加入批評他們事先沒有做好準備的行列？		
第四部分總計：	──	──

第四部分：親和性

親和性（Agreeableness）關係到你與他人合作的能力。如果回答以Ⓐ居多，你在與人互動時，優先考慮的是和諧的人際關係和與人相處融洽。所有童軍美德──助人、慷慨、妥協、互信等能力都與親和性有關。這方面拿高分意味著，你可能人緣極佳，這可是一項非常有價值的特質。不過，對創業者而言，親和性過高與不足都會出問題。親和性過高會使創業者很難爲了追求願景而違抗大眾意見，或在涉及衝突或對立的情況下做出棘手的決定。

如果回答大都是Ⓑ，你可能不易妥協，也不善於與人和諧相處。你可能常常懷疑別人的動機或行動，對方也可能因此認爲你不合作並且自以爲是。你可能常常聽到自己說「經營企業不是比人氣」。親和性低可以幫助創業者爲一個冷僻的想法奮鬥，或做出艱難的決定，但是也會讓創業者無法領會達成共識和協力合作的有效做法。

第五部分	A	B
你做決定時傾向Ⓐ快刀斬亂麻並且繼續向前推進，或Ⓑ爲可能出現最壞的情況而憂心忡忡，做了決定後又擔心結果。		
如果你在一次競標中失敗，並且知悉那客戶曾給得標者你沒有的內線消息，你可能感覺Ⓐ很高興不必與一個不誠實的客戶打交道，或Ⓑ很生氣，並對競標過程不公平憤恨不已？		
當感覺到沮喪時，你通常Ⓐ在它們一出現時就能輕易擺脫，而它們也不常出現，或Ⓑ失去活力、感到氣餒，並且很難讓自己重新振奮起來。		
你Ⓐ在社交場合中很少緊張，不太擔心別人對你的印象，或Ⓑ非常清楚別人對你的看法，時時刻刻感覺別人一直在觀察和評價你。		

如果你看到某樣很喜歡的東西，但是不確定是否買得起，你較有可能(A)抗拒那份渴望，直到你確定購買它不會影響其他財務規劃和夢想，或(B)不顧一切擁有它，然後再想辦法解決錢的問題。	
當你面臨壓力時，(A)反而感覺思路清晰且堅定；壓力往往激發出你的最佳潛能，或(B)努力擺脫恐慌、混亂及無助的感覺。	
第五部分總計：	＿＿ ＿＿

第五部分：神經過敏性

神經過敏性評量的是，你對生活中種種壓力反應強烈和反應負面的程度。如果這部分是(A)居多，你的情緒傾向於比較穩定，通常不會有劇烈的情緒轉變。你可能並非隨時心情愉快，但是，如果偶爾感到沮喪、焦慮或憤怒，你通常不會感到無法承受。相較於其他人，你較不可能憂心忡忡，或爲你的問題苦惱不已。神經過敏性低的創業者，擁有不讓阻礙帶來沮喪的優勢。

如果回答大都是(B)，你可能很難應付在別人看來不成問題的日常壓力。你碰到問題可能有強烈的情緒反應，要花很長的時間擺脫不愉快、怒氣或敵意。你經常感到焦慮或沮喪，別人也可能認爲你是一個老是發愁的人。你會因爲經常出現強烈、揮之不去的負面情緒，又難以應付它們，而動輒感到氣餒。一個高度神經質的創業者需要瞭解，這項特質會影響你創造或追求願景時，所需要堅持不懈的能力。

你的測驗結果與創業家思考的關係

這些特質沒有哪個比較好的問題。每個特質可能有益、有害或根本無關緊要，純粹視情況而定。即使你看過某項特質的說明，比方說親和性，並且認爲它好像是令人讚賞的人格特質，它還是可能造成問題。任何特質走到極端都會變成問題。

比方說，開放學習對創業者而言似乎非常好，不是嗎？但是開放的態度缺乏勤勉審愼的平衡，可能意味著你做很多事情虎頭蛇尾，或因半途出現吸引人的新想法而分心。一個親和性高的人可能不假思索地聽從別人，而不願意相信自己的判斷。神經過敏的性格也許看似可怕，但是，如果你從來不會焦慮、生氣或沮喪，別人可能覺得你有點像是機器人。

要瞭解這些特質如何幫助你成功，不妨想一想執行長的角色。我相信執行長有很多不同的類型。有些人可稱之爲「開創型執行長」（builder CEO）。這些人有絕佳的點子，創辦公司或部門，改變陳腐的規範，並且試圖改變世界。這類開創型執行長很可能具有高度開放學習性格。其次是「守成型執行長」（maintenance CEO）。這些人的長處在於幹練的執行力而非新奇獨特的策略，他們通常出現在穩定發展的產業（如果有的話）的重量級企業。在勤勉審愼的性格方面，他們當然優於開創型執行長。另外一種是「扭轉劣勢執行長」（turnaround CEO）。我認爲他們的人格特質可能與開創型執行長比較接近，因爲他們需要爲所屬企業選擇新方向。

每一種類型的執行長都可能在時機和環境適當的情況下成功，前提是性格與機會要搭配得當。在一家真正需要開創型執行長的公司，守成型執行長只會讓公司落後競爭對手。開創型執行長可能一股腦地往前衝，而使得核心事業被忽略。扭轉劣勢執行長可能在公司不需要大刀闊斧整頓時感到無聊。

你的測驗結果還有一項重點，你的行爲模式不僅受到個人特質影響，也與這些特質的獨特組合，以及你所處環境如何影響它們的表現有關。比方說，假設你常常感到憤怒（神經過敏性格的重要特徵之一）。如果你同時也具親和性，你可能爲了避免衝突而不把那樣的憤怒表現出來。而一個缺乏適度親和性，並且高度勤勉審慎的人，可能過度執著於嚴苛而不通融的制度，也很難因應別人的需要。當然，行爲也會因接受某些特定行爲和態度而被修正；那就是所謂的學習（廢話！）。

這類交互作用讓我想到染色體的構成要素，它們是以科學家稱爲「鹼基對」（base pairs）的方式組織而成。核苷酸（nucleotide）A和T通常搭配成對；C和G也是如此。同樣地，有兩類人格特質的配對組合似乎特別有威力。

• **開放學習性／勤勉審慎性**：這兩種特質之間的適度平衡讓你能接受新的想法，但也賦予你追求目標所需要的紀律。我的開放學習性高，但是我一直記得（也賴以維生）父親的叮嚀：「湯姆，絕不要做半途而廢的事情。」那可能是他給過我最好的忠告，有助於激發我與生俱來的勤勉審慎性格。

● **外向性／親和性**：均衡這兩者讓你具有創業思考所需要的活力，但也擁有與他人合作的能力。

在每一種配對組合中，一項特質協助抵銷另一項特質可能造成的潛在問題。那正是爲什麼我稱這兩種組合爲威力配對（Power Pairs）。一如鹼基對是DNA的構成要素，威力配對則是成功的構成要素。

這四項特質的某些層面都對創業思考有幫助。不過，大多數人不可能在這四方面都有同等強烈的表現。淸楚哪幾項特質對你的影響最大，你就會知道需要以另外哪幾項來平衡。比方說，很多自行創業的人開放學習性很高，但是他們需要找到有效經營所需，勤勉審慎性格的人做搭檔。

要像創業家般思考，神經過敏是最嚴峻的特質挑戰。如果你天性焦慮，想要勇於冒險可能很難。如果你容易沮喪，缺乏從重大打擊中重新振作的能力，你在面臨阻礙時要堅持下去也比較困難。你很容易被負面想法或情緒擊潰。比方說，一位極有希望的客戶卻說：「沒興趣！」這讓你要保持向前看，發覺新機會變得更困難。如果你很神經質，此刻的你可能正對自己說，「看來，我應該放棄算了：沒希望的啦。」繼續閱讀下去吧。事實上，你可以培養一些習性和做法，協助你應付原本可能徹底擊敗你的挑戰。

基因與行爲

再來呢？如果你做了測驗，又不喜歡測驗出來的人格特質，怎麼辦？如果你的外向性得分低，是否意味著還不如就放棄算了，永遠待在你那一百英尺平方，鬧烘烘的工作間裡呢？絕不。基因不是命運。如果基因決定一切，你現在就可以停止閱讀本書。即使是有優秀基因的人，如果不善用既有的天賦，他們也不會成功。何況，優秀基因絕非成功的保證。從來沒有人是以履歷表附上個人DNA圖譜的方式晉升高位。你必須曉得如何善用本身的人格特質組合，使它成爲你的最佳優勢。

基因的表現與它傳達的指令有關。基因只有在表現出來時才會產生作用。基因的表現決定執行遺傳指令的方式。活動（events）則會干擾或促進基因的表現。

雖然人格特質對一個人的影響並非科學性過程，我常把它產生作用的方式以科學方法思考。一項人格特質以何種方式表現出來，關係到它對你的成功能力所造成的影響。有些活動會促進或干擾遺傳訊息，有些行爲、態度及技巧也能充分發揮你與生俱來的天分。在後續章節中，我們將更詳盡地討論那些行爲和態度。利用它們來釋放人格特質組合所隱藏的威力，如此一來，你將更能克服像創業家般思考時所遭遇的挑戰。

2

歡愉烙印

創造成功癮

藥物和酒精成癮確實會改變大腦的生理構造，
使人渴望香煙和酒品的歡愉，
我們也可以用同樣方式在大腦中建立新的連結，
產生成功的印記。成就會帶來歡愉的感覺，
強度絕不下於毒品。那種在腦部創造的歡愉連結
會讓我們尋求並創造更大的成功。
因此，發揮我們的天賦追求成功，
將會成爲一種永恆運動機制。
享受這種因爲成功決策所帶來的歡愉，
其實也訓練我們的本能在下次有更好的表現。
這種優秀的本能又會增加我們再次成功的機會。

當我還是個孩子，家父創業投資的項目中，有一項是購買、駕駛本地校車。在馬里蘭州克斯開德鎮（Cascade），包括我在內的每個孩子都搭校車上學。我最早一次成爲創業家的體悟就是，從十歲起直到高中畢業，每個晚上打掃這輛巴士。每個星期我能得到二十五分錢。在當時，尤其在我們那一代，這可是筆不小的數目。我每週也將這二十五分錢放進一個棕色公文袋。當我十五歲時，我買了生平第一輛汽車。那雖然只是一輛一九五〇年份淡藍色普利茅斯（Plymouth）四門車，可是我卻是小鎮上唯一一個十五歲的有車階級。我是那麼地自豪，以至於每週至少要爲這部愛車擦洗打蠟。這部車花了我一百七十五美元，其中每一分錢都是來自我幫父親打掃校車所省下來的七百個銅板。

當我們說「天生的」時，人們常以爲那意味著這種特質彷彿印刻在石頭上般堅實。錯了。一個基因的運作會因其他基因、時機或外部因素、環境影響而改變。這裡就有個例子。鱷魚蛋究竟會孵出公鱷魚還是母鱷魚，主要是看當時外界的溫度而非染色體。攝氏三十四至三十六度氣溫下，通常會孵出公鱷魚，二十六至三十度間則會孵出母鱷魚。這確實說明外部因素如何影響控制性別的基因的表現，換言之，基因的指令如何被執行。而那些訊息是否傳遞，或有沒有被扭曲，其實都有可能發生。

同樣的，即使你天生具有創業家的基因，也就是如此而已。你可能生來就有容易感染某種疾病的風險，但不意味著你就一定罹患那種疾病。你可能基因特別優秀，可是除非你學會啓動它們，它們可能終你一生未能充分發展，甚至完全沒有表現。有些行爲會啓發你的天生傾向（或增進你擊敗它的可能性）。

以絕佳音感爲例。這種不靠其他幫助就能辨識單音的能力，似乎是與生俱來的。它通常來自家族遺傳，有個研究甚至發現這種能力與特定基因有關。可是，除非孩童在六歲左右就有機會接觸音樂課程，否則這種天賦很難被啓發。音樂訓練過程中會啓動孩童內在的絕佳音感。少了這項訓練，這種天生的能力其實並沒有用處。一項有關敵意人格特質的研究也發現，這類人通常比敵意較低的人更依賴尼古丁。然而，如果他們沒有接觸過香煙，他們成爲癮君子的機率是零。如果我不是在童年就成爲每晚清理校車的創業家，天知道我會從細胞生物學轉到銷售領域，即使我體內含有那樣的因子也很難說？

愈來愈多研究探索成癮的生理因素。研究人員發現，同卵雙胞胎通常同樣有吸煙習慣。許多研究也指出，上癮行爲和基因影響腦部多巴胺和複合胺的程度有關聯。另一個研究則發現，酗酒者即使接受諮商和勒戒治療，他體內的基因仍會讓他再度成爲酗酒者。這類研究強化我很早就認同的一套理論：我們可以染上成功癮，沒錯，把我們放在某種有利於個人基因資產的情境中，因此追求成功上癮。

除了藥物和酒精成癮確實會改變大腦的生理構造，使人渴望香煙和酒品的歡愉，我們也可以用同樣方式在大腦中建立新的連結，產生成功的印記。成就會帶來歡愉的感覺，強度絕不下於毒品。那種在腦部創造的歡愉連結會讓我們尋求並創造更大的成功。因此，發揮我們的天賦追求成功，將會成爲一種永恆運動機制。享受這種因爲成功決策所帶來的歡愉，其實也訓練我們的本能在下次有更好的表現。這種優秀的本能又會增加我們再次成功的機會。

美國前職棒大聯盟主席彼得·尤勃洛斯（Peter Ueberroth）在孩提時代，就從在公園玩湊隊遊戲中體會到成功的歡愉。

「我常換不同的公園玩，因爲成長過程中，我待過六個州讀了八所不同的小學。我會到公園玩，那裡也一定有湊隊打球的遊戲。你必須很快與那些孩子混熟才會被挑上。九歲的我有對抗十三歲大孩子的經驗。對方可以讓我嚇得不知所措，球速快得我無法想像，只有乖乖被三振的份。九歲的我也有對付八歲孩子的經驗，我可以盡情揮棒，享受成功。我有非常多打擊的機會。在星期六，我通常會跟一群九歲到十四歲的孩子對抗，至少有三十次上場打擊的機會。没錯，那確實累積了非常多經驗；甚至比少棒聯盟選手一季的訓練還要多……所以你會嘗到很多失敗，但是也有很多成功，你也經歷過恐懼。不過你開始往前看，往公園跑，好讓自己可以被選中。這一切都在爲一個人的人生預作準備。在我的經驗中，我失敗多，成功少。然而，我渴望成功而非失敗，因此我開始依靠自己而不是一味找理由找藉口。」

我認爲重複暴露在成功中，就好像藥物上癮一樣，會在大腦中形成一種永久性且更有效的連結。你的煙齡愈長，你的腦部變得對尼古丁愈渴望。我們體驗成功的次數愈多，腦部愈渴望它帶來的歡愉，並且設法創造或再製那種感覺。我們還可以透過利用既有天賦，提高我們感受到那種歡愉的機會。

先天稟性尋求後天培育

我天生善於分析事情。令我難以忘懷的童年記憶之一就是，聖誕節得到一套化學器材。我熱愛無所事事地組合各種配方。有時候，我會按照器材箱附贈的說明書做實驗，但是，我更喜歡自己調配方，嘗試不同的實驗——直到我那個小小的燒杯中冒出火焰爲止。我在家中也迅速享有化學家的名氣；我的母親有時會稱我爲「醫師」。她常說她很清楚我的腦袋總是有事情在轉，忙個不停，持續思考。人們開始把我當成上帝派來治療他們病痛的孩子。他們開始假設我很聰明。因爲他們這樣假設，我也喜歡做諸如化學實驗等讓自己更聰明的事情。

基因造成的許多直接效果明顯易見，好比有一頭紅髮或身高六尺。但是基因也會有間接效應。這些效應很不容易被證實，但是威力絕不下於直接效果。好比說，基因給你一張美麗的臉蛋，運動員般的體能，或思考問題的喜好。人們可能開始根據你的長相，你在學校球場跑壘速度最快，或你的分析傾向來對待你。如果你的家人基於一些天生的個人特質，認爲你是「外向的」或「像個創業家」，他們對待你的方式，可能就不同於對待「害羞的」或「拖拖拉拉的」的兄弟姊妹。你也開始由別人的行爲中認識自己和外在世界。

我的母親內心中一直有張我會成功的圖像。她常說，「湯姆，我對你一點也不擔心。你總有一天會變成百萬富翁。」由於我生性喜歡分析事情，也總有辦法製作或取得我們原本買不起的東西，她待我就像個即將成爲百萬富翁的人。正因爲她這樣看待我，我的那些習性，那些協助我達成她的期望的習性，又被強化。

在創造早期的創業家思考上面，基因還扮演另一個重要角色。好比說，你具有尋求新奇的先天傾向。由於它們存在你的基因中，你會設法讓自己處於一種很容易發現新鮮感的情境中。努力創業可能就是其中之一，但是舉凡能讓你置身新奇、有挑戰情境的行爲都符合這個條件。這意味著你從小就比那些沒有「喜好新鮮感」基因的同伴有更多冒險經驗。這種經驗讓你更有自信，遇到更多冒險時也更自在。你愈能樂在其中，你就愈可能再冒險。你選擇享受與生俱來的天賦所帶給你的樂趣，並且精於此道。當你成爲箇中老手又讓你更想表現。你的經驗愈多，你就愈厲害。

另一個例子是：如果你生性外向，比起那些較害羞的人，你有更多與人互動的機會。羞怯則導致當事人避開他人，這又讓他們更少結交朋友。經驗不足也讓他們與其他小孩相處時更不自在。這麼一來，他們只會變得更加害羞。

創業家的情況也一樣。他們天生有某種人格特質，讓他們小小年紀就體驗到成功。成功不必是眾所皆知的擺檸檬汁攤位（或是清洗校車）。它可以是任何利用個人基因優勢的活動。這類成功引導他們表現出某些行爲，協助他們像大人般成功。這類經歷「啓動」（switch on）了他們的基因資產，進而發展出成功癮。

當我還是小孩子，雖然我沒什麼錢，卻感覺很富裕。畢竟，家父不只是校車司機，他還開一家雜貨店，這意味著我能享有各種想要的巧克力棒、洋芋片和可樂。我的零用錢可能沒有其他小孩多，但是我更有責任感。除了清掃老爸的校車外，我也是學校的糾察隊長和交通指揮。這使我覺得自己是號人物。我把玩具當成珠寶般愛護；直到今天，我仍保留自己的第一個棒球和手套，以及幾把玩具槍。有一年生日時，父母告訴我，我可以選擇單座競賽車或《大英百科全書》（*Encyclopedia Britannica*）當作生日禮物。我選擇了百科全書，然後再透過與朋友交換得到車輪、車軸，加上家父兩只裝可口可樂的條板木箱（作爲車頭和車尾），爲自己製作了一輛小車。我覺得書架上整排的書會讓自己顯得很有智慧。我也深深爲自己能想出辦法，擁有想要的車子而自豪不已。對於我該如何獲得成功，這是一個非常重要的早期經驗。哪怕這次的成功不過是同時擁有小車和百科全書罷了（直到今天，我仍保有這套一九六〇年版的《大英百科全書》）。

先鋒集團（Vanguard）創辦人老約翰・伯格（John Bogle Sr.）曾說：「我從小就是一個

負責任的孩子，甚至可能還不到該負責任的年紀就是如此。我想我有點像個怪胎。凡是我碰過的任何東西，我都會好好清點保管。」此外，與生俱來的逆向直覺也幫助他成爲跳過經紀人，直接向投資人銷售共同基金的先驅。「我從小好辯，我喜歡挑戰既定的看法。當二次大戰後，聯合國成爲既定事實，我正在布萊爾高中（Blair Academy）就讀，學校組了一個仿聯合國概念的和平團體，我則自立門戶組織一個稱爲『現實主義者』團體。我們不停辯論現實是否像聯合國的運作般具有理想性。我的見解是：非也……歷史從來就沒有點出這一點。」這聽起來根本是唱反調！可是這種精神幫助他在投資市場大大成功。他說，「每個人都在談的投資業務，比方說，新的網際網路世界，你最好牢牢記住，當每個人都在談它時，它就不可能實現。」

家庭倉庫共同創辦人柏尼・馬庫斯（Bernie Marcus）十二歲時，就自己賺錢買衣服。「我努力工作，而且樂在其中。不管做什麼，我都希望把它做到最好。不管做什麼，我總是全力以赴，以期得到滿意的回報。當我在紐約州卡茨吉爾區（Catskills）波希特帶商圈（Borscht Belt）當餐館雜工和服務生，好賺錢讀完大學時，我總是有最好的表現。這裡面很多要歸功於我的性格，也就是我臉皮很厚……我總是相信我將會成功。我記得當自己十六歲，與一個朋友走在街頭，我告訴他：『沒錯，總有一天我會變成有錢人。我知道我會。』我對自己充滿信心。」

在這兩個有關天生資賦的例子中，伯格的逆向操作觀點，馬庫斯的勇往直前特質，都因他們的後天作爲而獲得發展。後天的培養和經驗都幫助他們增強了個人的天生資賦。

創造成功癮

當馬斯龍・克勞爾（Marcelo Claure）還是個玻利維亞的小男孩時，他經常在校園一角推銷大理石工藝品；當他的母親去市場時，他就在外面賣罐裝牛奶。克勞爾長大後，創辦了全美第二大拉美裔企業亮星（Brightstar），每年營業額超過十億美金。他是從開車推銷行動電話起家，逐漸成爲拉丁美洲最大的手機經銷商和批發商。他也計畫要將在美洲的成功經驗複製到印度、中國、非洲和東歐，換句話說，全世界。

「我們一直很清楚，自己所做的並沒有很明確的目的。然而，一旦你達成某個目標，而那又是你原先認爲不可能獲得的結果，或是你認爲自己生命中不可能實現的部分，此時，你開始意識到成就感，並且爲自己設下另一個遙遠、瘋狂的目標。我想我們是從不滿足的一群。我們必須在財務、個人、事業等方面持續獲得更多……除非我們成爲那一行的世界級領袖，否則我們不會滿足。我甚至認爲，即使我們成爲產業龍頭，我猜我們又會想進入其他產業較勁一番。」

有些人似乎追求成功上癮。在一定程度上，上癮是我們這種生物才有的基因。演化造成我們大腦會做出享受歡愉的決定。如果我們不能對食物、性愛、保持溫暖產生快感，我們也不可能像個物種般存活下來。當有人樂在吞雲吐霧、嚼食巧克力或品嘗佳釀時，他的大腦頓時釋放出一種稱爲多巴胺（dopamine）的化學物質。這種神經傳導物質（neurotransmitter）會傳送一個「我愛死它了！」的訊息給神經系統。這會刺激腦皮層組織，也就是大腦中與情緒最有關聯的部分，並且希望再次經驗類似的歡愉。即使是置身與這種歡愉有關的環境，也能啓動這種渴望。戒煙的人都會告訴你，當他處在一群癮君子中，就會有一種來根煙的渴望。

這類化學反應會開始影響我們的決策能力。當一種藥物，比方說尼古丁或古柯鹼，一再刺激腦皮層組織湧出過多多巴胺，腦部最終也會產生變化。一旦沒有香煙或毒品的刺激，腦部就喪失自行製造多巴胺和歡愉經驗的能力。這時候腦部需要更多酒精、香煙和毒品，來引起那種多巴胺特有的歡愉。更糟的是，它無法對其他類型的歡愉產生反應。香煙或毒品這時正式綁架了腦部體驗歡愉的能力。

有些人似乎比較容易有這種神經化學連結。曾有研究人員發現，終止某一被稱爲Homer的基因的作用，就能讓老鼠也對古柯鹼上癮。一項對六百八十八對雙胞胎的研究發現，吸煙者中有Epac基因變異的人，比較容易對尼古丁上癮。其他研究也標示出可能宰制D2多巴胺受體，導致成癮行爲的基因。基因似乎會左右一個人體內需要多巴胺的速度，而這方面新陳代謝的速度愈快，就會愈依賴香煙。

當然，成癮是個複雜的課題，科學也尚未確定追求成功上癮的概念。但是對我而言，很清楚的是有些人的體內系統已經被程式化，持續需要成功的刺激。他們的基因似乎迫切需要這類來自新挑戰的歡愉。當他們缺少這類刺激時，他們心理上就會出現戒斷症狀。我們通常說這種人屬於A型性格（Tape A Personalities）。而這種A型性格是否可能部分源自於成功上癮呢？

我內人常說我是溫和的愛車狂，我相信那與我幼年時期對成功的認知有關。不知何故，家父總是駕駛新穎、亮麗的別克（Buick）轎車，而不是福特（Ford）或雪佛蘭（Chevy）。即使我們家境小康，卻帶給我富有的感覺。家父的車是他成功的象徵，除了車，他其實並沒有太多足以誇耀的地方，可是光是這一點就夠了。我的成長也離不開這種可以顯示成功的渴望，只是我更希望名副其實。我知道我必須更努力、更聰明、更機靈，也更誠實地工作。我希望自己每走一步都有清楚的印記，成為一個百萬富翁，就像家母所說，我一定會成為百萬富翁。

讓你的大腦重建成功連結

對天生的創業家而言，歡愉來自贏。當我們克服路障時總是興奮不已。我們甚至開始喜歡這類挑戰，因為那會帶來另一個享受成功快感的機會，而且這種感覺很早就會出現。

貝利・吉本斯（Barry Gibbons）就像本書中的許多人，在孩提時代就必須克服巨大的困難。當他三歲時，母親就過世了，他的父親是英格蘭北部工業區的工人。吉本斯說，「對家父和我而言，那段時間非常艱苦。這無關貧窮或出身卑微。我只是感覺自己彷彿這個社會的外人；我雖然身在其中卻又不屬於它。而且又有許許多多的障礙必須克服。我眞的漂泊了好長一段時間。」這不是你們所稱的歡愉。可是他的腦子勢必因此建立新的連結，從迎接挑戰且獲得勝利的獎賞中獲得樂趣，即使在當時那不是讓人覺得有趣的經驗。

在一九九〇年代帶領漢堡王（Burger King）轉虧爲盈的吉本斯說，「我實在不能說我感到極大快樂。我想應該這麼說，一旦你突破一個障礙，你的下巴抬得更高，你只好更加咬緊牙關。你很淸楚你能成功，挑戰也變得更誘人。那幾乎成爲每週一回的體育競賽。我一直到三十幾歲都是足球隊裡的好手。我不能說我從勝利當中獲得極大快樂，但是我顯然是在認淸成功在望，並且還有下一回的過程中，享受極大快樂。」

對許多成功者而言，障礙似乎是打開我們遺傳資產的開關罷了。障礙讓我們瞭解自己，瞭解我們獲勝的能力和失敗時的行爲。我最早對成功的滋味，以及如何追求成功的體會，就來自於克服種種障礙的經驗，譬如一個除了生活必需品之外，樣樣缺乏的貧困童年。我認識到，最大的歡愉往往來自成功克服最艱巨的挑戰。我樂此不疲。

直到有一天，我聽到「馬拉松鼠」的實驗，我對成功會上癮的概念更篤信不疑（怎麼又說到那些實驗室的老鼠！）。研究人員想知道爲什麼有些老鼠似乎更愛跑，也跑得更久、更快。他們繁殖了一批比平常老鼠更渴望跑的老鼠，並且讓它們盡情地連續跑上六天。到了第七天，

你有成功癮嗎？

- 你不斷尋求新的挑戰嗎？
- 你相信自己有能力達成任何願望嗎？
- 你喜歡自己所做的嗎？
- 你有時會說，「我一定要讓他們刮目相看」？
- 你對例行公事感到苦悶嗎？
- 你是否樂於檢驗自己的技能呢？

研究人員將部分實驗鼠從轉輪上拿下來，檢測大腦中與刺激反應有關的 Fos 基因的活動情形。研究人員原本認爲，應該是那些高興跑多久就跑多久的老鼠，腦部活動最活潑。可是出乎意料，腦部活動最活潑的竟是被**禁止**繼續跑的馬拉松鼠。更有趣的是，顯示那類活動的**區域**，是在與食物、性、藥物等渴望和獎勵有關的大腦迴路。而表現的樣式與藥物成癮但被停止注射古柯鹼、嗎啡、酒精或尼古丁的老鼠很相似。

就像那些「馬拉松鼠」似乎對跑步上癮，創業者腦袋也重新建立連結，汲汲尋找下一個帶給他們「成功快感」的機會。但是你要上癮前，必須先有成功的體驗。那些老鼠先讓它們跑上六天，就會比那些跑得慢的老鼠有成就感。這六天就是讓它們上鉤的關鍵。對眞正的創業家而言，沒有機會對抗新挑戰的挫折感，就像「馬拉松鼠」不准跑步。人們愈早獲得這種經驗，而且處理得很成功，就會開始發展出一種反覆經驗成功歡愉的習慣和態度。

我認爲，由克服障礙所形成的成功癮，應該與一個人早年有效運用天生人格特質有關。這個說法也有助於解釋，爲什麼創業家的子女後來很容易成爲創業家。我認爲並不只是因爲他們早年置身於創業生活中。他們也很早就發展出克服挑戰時心理滿足的癮頭。創業家家庭也許較有可能創造創業的挑戰，可是成功上癮卻可能源自克服任何種類的挑戰。

發展成功啓動子

要創造成功癮，需要先學會「開啓」自身的基因資產。每個基因都有一個負責告訴它如何動作的部分。用科學術語來說，它「啓動」基因如何表現，表現哪些功能；它可以被視爲「基因中的基因」。這些所謂的「啓動子」，作用好比調節光線的開關，負責啓動或關閉某項遺傳活動。這個活動可以是非常強有力。比方說，在針對臼齒類田鼠的實驗中，科學家將一種特定啓動子植入這種田鼠的基因後，原本雜交的天性就變得有選擇性，尋求一夫一妻的浪漫伴侶。

對我們所遺傳的特質和能力，某些態度和習慣也有這種作用。我稱這些態度和習慣爲啓

成功啓動子

- 「早期結痂組織」基因
- 「繪圖」基因
- 「向前看」基因
- 「四下察看」基因
- 「推銷電話」基因
- 「打地鼠」基因
- 「POHEC」基因
- 「好人」基因

動成功基因（the Success Promoter genes）。就像生物性啓動子，它們協助我們發揮與生俱來的創業人格特質，或限制比較不利的特質。缺少它們，即使你擁有各種潛能，還是不可能成爲一個成功的創業家。它們是滋養創業思考的行爲，包括協助你創造自己的願景，甘冒風險實現它，察覺機會，以及做出更佳的決策。

在生物學中，啓動子有助於推動演化。它們會讓整個物種，靠著相對很小數目的基因創造大規模的改變（你知道植物的基因數目比人類還多嗎？）。電腦程式代碼由1和0兩個數字產生。之後，所有事情都以1和0的組合作爲代表。基因作用的道理也一樣，是由ACTG四個字母組成。啓動因子利用它們，使得我們體內兩萬到三萬個基因，各自創造出無以數計的基因變異形式。最後，協助我們得以生存的變異形式，累積並傳承下去，通過物種演化的考驗。

同樣的，啓動成功子創造個人的演化變革。它們運用個人遺傳天賦，創造一個成功的人。

成功啓動子：「早期結痂組織」基因

我們都知道有些人因逆境的打擊而精神崩潰，就好像建築物被從內部摧毀般。有些人因此得過且過，他們也許不會眞的很悲慘，可是絕對談不上快樂。還有一些人看來就是能成功對抗各種挑戰，儘管那些阻礙似乎根本不可能克服。成功克服障礙的經驗可能扮演一種成功啓動子。我有個喜歡爬山的朋友。他非常相信，攻頂的過程愈艱辛，山頂風光愈美妙。這其實是同樣的道理。

對這樣的情境，尤勃洛斯有個很漂亮的說法：「創造結痂組織」。他小時候讀過八所小學，學會如何在持續扮演「新來小鬼」的角色下成功：

「不管是在芝加哥市中心貧民區的都會學校，或愛荷華州達文波特鎮（Davenport）的鄉下學校，你總是會碰到同一類人。你會遇到班上的惡霸，然後你會遇到跟在這個惡霸後頭起鬨的人。遲早他們會慫恿那個惡霸與你打一架。等到你進入第三所小學時，你已經有足夠的經驗，所以你會說，我是新來的小鬼，我必須主動找出那個傢伙。一旦有風聲傳出來，那個惡霸要找機會修理我，我就單獨去找那個傢伙，告訴他，『每個人都說你非揍我一頓不可，你當然可能會好好修理我。我也相信你能。不過如果你要等朋友逼迫你才這麼做，爲什麼不現在解決呢？現在就是我們兩個人，如果你必須照你那幫朋友的話行事，我們現在就把這件事情解決掉吧。』結果是，對方說，『不。沒有人敢告訴我怎麼做。』因此，下次有人慫恿他揍新來者時，那些煽風點火屢試不爽的狐朋狗黨反而納悶，這次究竟怎麼回事，他們的伎倆竟然不靈光。你曉得［這個戰術］效果不錯，也就靠它生存下來。」

當我聽他說這個故事時，我很清楚這些經驗被當成啓動因子，加快啓動他天生善於激勵他人的能力。很多人都曾經是校園惡霸或各種場合惡霸的犧牲品，可是有多少人在小時候就懂得利用聰明方法，避免它下一次再發生呢？然而，尤勃洛斯指出，同樣的挫折如果是在成年後才首次遇到，卻可能產生更大的問題。「假設你從研究所畢業，找到一份新工作，事事看來順心如意，結果卻碰到一個惡霸。這當然不公平。你也不知道該怎麼辦。這第一次經驗讓原本美好的感覺破滅，不過這時候傷疤絕不可能在那麼短的時間內癒合。」

尤勃洛斯的故事也提醒我，啓動因子對基因表現的影響，時機十分重要。啓動因子控制基因傳遞指令，而且有一定的時間期限。比方說，基因影響我們懷有雙胞胎的可能性。然而，同卵雙胞胎的發展方式要看啓動因子在什麼時間告訴受精卵進行分裂。如果分裂時間在頭四天，雙胞胎中每個都有自己的胎盤和羊水袋，而且通常都很健康。如果卵子在受精後八到十二天之間分裂，雙胞胎將共用同一個羊水袋，並且他們的臍帶通常糾纏在一起。如果受精卵在二十天後才分裂，形成共用器官、肢體的連體嬰的機率大增。

對成功啓動子而言，時機同樣重要。早期成功克服困難的經驗，開始教導你認識自己，這會幫助你在西洋棋賽中擊敗另一個孩子，對父母的凌辱暴虐做出反抗，或說服某人做某件事等等。藉著喚起你的天賦能力，協助你認識這些遺傳資產的內容，它們可能在你童年時期就開始建立你大腦中的成功連結。

比起新生嬰兒或成人，青少年可能對成癮藥物更敏感，因此也更容易上癮。有關老鼠的研究顯示，長期暴露在藥物下，確實會改變腦部某種蛋白質的含量，而且以青少年時期最顯著。這些分子變化可能影響基因在創造腦部的連結和類型方面的表現。我認爲類似尤勃洛斯的早期經驗，就會表現出比較正面的效果。那些經驗讓我們很早就沉溺在成功的感覺，主動追求任何帶給我們那種感覺的事物。

正面經驗也會創造一種成功癮。房地產龍頭山姆．澤爾（Sam Zell）記得，當他還是個小孩子時，他被指派在一個週五晚間的教會活動中演講：「我坐下來，寫好演講詞，然後站起來做了演講。我掌握全場……會場靜得可以聽到一根針落地的聲音。那是我第一次認識到自己可以指揮其他人。對我而言，這種教育性的孩提經驗具有無與倫比的意義。它是很容易被強化的，尤其是當你認爲自己有獨特的才華，而全世界卻未必知道時。」經營投資理財網站Motley Fool的大衛．嘉納（David Gardner），則是因爲學校活動表現優異，體會到成功的經驗。他就讀的學校，高年級生只有八十人，這對享有那種成就感很有幫助。「你要成爲足球校隊比較容易。」重要的似乎不是產生成功感覺的**那件事情**，而是經驗本身——體認到你自己是成功者這一點，會帶來你所期待的結果。

養成成功習性

不像基因，成功啓動子需要經常演練。你也許一開始並沒有繼承偉大的基因素材，或是很早就體會到成功的經驗。成功啓動子能協助你找出策略，好好經營、發揮自己既有的天賦。比方說，如果你生性不喜歡冒險，也許你會累積這方面的經驗。你也許除了星期天外，制訂出六套應變計畫。或者，你乾脆爲自己創造一種盡可能沒有風險的生活形態。畢竟，沒有人會說，不以創業家方式思考就不是個好人。但是那種思考並不能幫助你有效因應現實世界，還有，那種方式也不太**有趣**。

要發展成功癮，你必須深植適合你的成功啓動子習性。力行這些習性有助於你瞭解，你能發揮哪些長處，以及你在特定情況下會有什麼反應。這讓你發展出對自己有用的生涯策略和經營做法。如果你天生傾向思考生命陰暗面，你也許必須採納一些能讓你克服這種傾向的習性。如果你天性太樂觀，你需要瞭解如何平衡自己的想法，以免虎頭蛇尾。

對協助員工成長和成功有責任的企業主管而言，懂得如何創造成功癮更加重要。瞭解哪項人格特質最抗拒改變的管理者，在安排人員適合的職務時比較不會遇到困難。

如果你尚未發展成功癮，**當下行動吧！**除非眞正測試過你有哪些基因資產，你不見得清楚自己能做什麼。一九九九年時，普林斯頓大學、麻省理工學院和華盛頓大學的研究人員，給年輕老鼠植入仿造的NR2B基因，目的是強化它們學習新事務的能力。這些「聰明鼠」(Doogie Howser，根據美國青少年電視劇《天才小醫生》主角杜奇・霍瑟取的名）在適應新環境上，把其他老鼠打得落花流水。它們對學過的事務也記得比其他非聰明鼠更強。不過，最重要的是，基因是直到那些老鼠被放進新的環境，眞刀眞槍地測試後，才開始發揮作用。

你可能有成功癮的天生傾向。你也可能沒有。可是除非你經常自我測試，否則你不可能知道。你怎麼判斷你能應付什麼？你能應付的底線又是什麼？運用你的基因資產作爲嚮導，增加你克服眼前挑戰的可能性。運用接下來幾章談到的成功啓動子，協助你重新連結你的腦部對辨識、記憶及渴望成功的感覺。

3

界定未來的挑戰

爲自己畫一幅逐步成形的圖像

・你知道自己爲什麼想成功。

・你能想像自己扮演新的角色。

它雖然超越你現有的能力，

但仍與你的 DNA 相符。

・你了解哪一種性格特質可以讓你

在你每一個新的願景圖像中都能感到自在。

・你對非線性、非傳統的生涯發展路線感到自在。

・你欣然接受改變，而非對抗它。

・你知道自己這麼做，是爲了追求快樂，還是逃避痛苦。

・你主動尋求新的經驗。

一九七五年四月，兩位小女孩從戰火蹂躪的越南南部飛抵美國。只有年幼妹妹陪同，特蘭（TiTi Tran）步出班機後，還得爲自己和妹妹開創新生活。照顧妹妹讓她忙得焦頭爛額，因爲她在美國沒有認識的人，沒有錢，也沒朋友。她找到一份電腦程式員的全職工作，利用晚間上學。可是她心裡自始至終存著創業的念頭。「我到學校取得碩士學位，如此一來，當我成爲執行長時，我會顯得能力不錯，我會具備應有的資格，我會有經驗……任何阻礙都阻止不了我。錢不是問題，我不在乎財力多差。時間不是問題，我放棄的東西多得數不清。

「我總是有一種想做大事的渴望。我當時並不知道自己會做什麼，但是，這個信念在我內心縈繞不去，腦中老想著要成爲一號人物。我有很多很多的精力。在越南時，我九歲就在媽媽的小吃店裡幫忙。所以，我早就應付過難搞的人，不付錢的人。我必須幫媽媽進貨，在廚房裡協助她。更重要的工作則是照料三個年紀比我小的弟弟妹妹。我看來比實際年齡大一倍。當你結合無窮的精力，拚命學，拚命做，加上一心想要出人頭地，一個創業家就這樣誕生了。」

她在一九九一年創辦的特蘭科技（TranTech）曾經贏得無數獎項，成爲一家由少數民族經營的知名政府承包商。當年的難民，今天的特蘭，被致遠會計師事務所（Ernst & Young）提名爲年度企業家（Entrepreneur of the Year）。她說，「我的人生從未浮現『唉呀，這太難了，我要放棄，算了吧』。我持續拚命做，拚命做。我的桌上有塊寫著絕不放棄（Never Never Quit）

的石頭。我的朋友們說，『人生苦短，你需要停下腳步聞聞玫瑰花香。』他們不瞭解的是，我心中只有三件事：我想要成功。我必須成功。我將會成功。我只能活一次，我需要趁活著的時候做點事。」

基因、企圖心和好奇心

你可能聰明睿智。你可能野心勃勃。但是，還有比這兩者更重要的東西。那是驅使人不僅一心想成功，而且一次又一次追求成功，卻又說不清楚的特質。那是一種想做更多、想得到更多、想嘗試更多的驅動力。我很清楚自己有這股衝勁，書中其他受訪者也都是如此。這種特質無法用家庭、環境或經驗來解釋。它似乎根植於人體DNA中。很多人從小就知道自己與眾不同，別人也這麼看他們。我認為這種差異始於基因層次。

你在敢冒險前必須先有夢想。有些人似乎從小就有夢想更美好的未來，然後全心全意追求它的能力。畢竟，同樣是逆境，有些人因此「啓動」成功的決心，有些人則淪於自暴自棄。

相關研究也證實，有些兒童在克服不利環境的表現上比其他兒童更好。一項研究檢視紐西蘭但尼丁市（Dunedin）近一千名男性的犯罪歷史。他們全都出身當地社經地位和種族背景相似的家庭。其中一部分人在童年時曾受到虐待。不意外地，他們當中多數有暴力和違法紀錄。不過，這項研究也發現，在曾經受虐的小孩當中，還是有些人的成長過程相對較為平順，不惹麻煩。研究人員發現，守法者的 MAO-A 基因出現特定的變異，使他們在所處環境中免於干擾。而另一種 MAO-A 基因變異則導致受虐兒童的暴力犯罪次數，比沒有該種變異的受虐兒童多四倍。此一關聯性指出，正常 MAO-A 基因的角色是，協助兒童克服不利環境條件，虐待則可能「啓動」犯罪行爲的遺傳傾向。

一項針對一千多位貧困家庭長大的五歲雙胞胎研究也發現，基因和適應力之間存在關聯性。在智力和行爲測驗的表現上，具有相同基因的同卵雙胞胎的測驗結果，比不具有相同基因的異卵雙胞胎接近。父母培育子女的方式當然扮演重要的角色。母親的慈愛，以及是否積極協助孩子成長，都攸關重大。用心培育的環境顯然很重要，但是，基因更有助於解釋，爲什麼有些人在不利環境中似乎比別人有更強的生存能力。

天生的好奇心也幫助人們勇於築夢。愛迪生（Thomas Edison）有一個故事深刻說明了創業家的思考模式。愛迪生有次被要求在賓客登記簿上簽名，他塡上自己的姓名和住址，接著塡寫「個人興趣」一欄時，據說這位偉大發明家寫的是：「一切事物。」

好奇心使得你不會只等著應付變化。它會協助你預見變化。創業者通常必須應付相當多的挑戰。在處理可能同一天爆發、始料未及的無數變化上，比起傾向單向思考的人，能夠一心多用的人可以有更好的準備。好奇心還不只幫助你應付今天的挑戰。它會讓你自問，「我們今天達到這樣的目標，但是我的公司（或我的客戶）一年後要達到什麼目標？兩年後呢？五年後呢？應該打造出什麼樣的品牌？競爭對手可能是誰？市場會發展成什麼模樣？」

我相信你一定認識一些人，他們的好奇心好像深植在DNA裡。他們會把某個東西拆開，只爲了看看它究竟是怎麼運作的。當他們想要度假時，他們看到自己在內華達山脈（the Sierra Nevada）探險，而非在自家後院閒蕩。他們是最先去觀看新上映的爭議性電影，嘗試新菜餚的人。他們喜歡探究新的想法。他們是科技公司極盡所能要吸引的早期採用者（early adopter）。他們老是問，「如果……將會怎麼樣？」（what if?）他們不應付變化，他們透過預見未來領導變革。

山姆．懷利（Sam Wyly）不僅是美國最成功的創業家之一，還可能是全美最具多樣性的人物之一。一家電腦軟體公司、財運牛排餐廳（Bonanza Steakhouse）、麥可藝品連鎖店（Michael's）、青山能源公司（Green Mountain Energy）、一家電訊公司、一家避險基金管理公司，以及一家銀礦開採公司，它們究竟有何共通之處？不多。唯一的共同點是，它們都是山姆．懷利所創辦或領導的。

好奇心和開放學習性格都存在懷利的DNA中。他說，「我從不曾坐著說，『我將創辦一家以上的企業。』每件事情都要根據它本身的獨特性質進行，一次完成一件。在一定程度上，我像個藝術家、畫家、作家或其他領域的創作者。我喜歡身爲創業家，享受分析和綜合種種機會的創意層面。如果要說，我玩的創業遊戲可以說是一種智力挑戰。它基本上是我樂在其中的事情。對我而言，工作是一樁趣事。」

懷利天生具有開放學習性格。

「我媽媽芙羅拉（Flora）有夠勇敢，竟然去找她所住的路易斯安那州小鎮的銀行家借錢，在一九二九年前往紐約學習舞蹈，再回到家鄉興辦芙羅拉・伊凡絲舞蹈學校（Flora Evans School of Dance）。她也是路州安哥拉監獄（Angola State Penitentiary）受刑人的第一位女性監護人。我的父母是天生的創業家。他們經營了一片棉花田。我的祖父當年就住在沿著密西西比河的黑黏土地區，那可是一八五〇年代的矽谷，到了一八六〇年内戰爆發時，他們是數一數二的棉花生產者。我們必須同大蕭條（Great Depression）搏鬥。爲了留住那塊地，他們放棄耕種，找支領現金的工作，一方面清償債務，也開始存錢，最後買下一份路州德海鎮（Delhi）發行的《德海信使》週報（*Delhi Dispatch*）。我從七年級開始與父母經營這個小事業，而當地原本靠栽種棉花發展起來的彈丸小鎮，因爲油井鑽探，發現了該州當時規模最大的德海油田（Delhi Field），搖身一變成爲石油工業城。父母取得了西聯公司（Western Union）的電報業務經營權，外加一家保險公司。」

懷利天生的好奇心，可能因家人不斷轉戰新的機會而被「啓動」：「我們會搬家到新的地方，而我必須適應新的一批人，新的環境，我離開了一個人際網絡，隨即加入另一個人際網絡。即使我在每個地方都有一種家的感覺和一種認同感，我總是鎮上新來的那個小孩。置身群體中對我而言毫無困難，但是要成爲其中一分子則不然。我向來有自己的想法，從不需要依賴別人以取得安全感，也不太在意別人怎麼說或怎麼想。」

「我依稀記得當年競選學生會會長時，有一晚我躺在大一宿舍床上無法成眠。我爲對手陣營對我進行的惡意攻擊苦惱不已。經過一番思考，我的結論是，我能做的，就是依照自己認定的最高是非標準發言或行動。一旦決定那樣做，我就必須讓自己不要在意別人的負面想法。然後，我就心情平靜地睡著。」

他上過密西根大學有史以來的第一門電腦課程（「當時沒人知道那門課該用什麼名稱。『電腦科學』〔computer science〕這個名稱尙未發明，也沒有任何學門可將它納入，於是，那門課就被稱爲『統計學』。因爲商學院沒有教授能教，於是找來一位工學院的老師，而那讓我有了一項額外收穫，幫助我瞭解到工程師與會計師或行銷人員有何不同的觀點」）。懷利也是狂愛閱讀的人，特別是在歷史方面。他的事業生涯簡直是多樣化的極致。今天的他能建立起一個企業帝國，部分原因就在於他深具五大遺傳性人格特質中的學習開放性。

根據第一章的創業性格測驗，如果你的開放學習性（第一部分）得分很高，在創造一個逐步發展的願景上，你已經踏上有利的起跑點。這種特質有助於你做出決定，讓你保持向前看，也使你有更大成就。要瞭解箇中原因，我們必須檢視構成開放學習性的內涵，以及懷有雄心壯志者的特質：

• **想像力**。想像力就是「幻想前所未有的事情，並且問『有何不可？』的能力」，它讓你想像出某種並不存在的事物。

• **美感**。對美學的認識和欣賞，對包括藝術和大自然的美的體驗，都與求知慾有關。這種欣賞力能幫助你做不尋常的聯想，引導出更有創意的想法。

• **理解和表達情緒的能力**。開放學習的人通常清楚自己的思考過程，也很習慣於感覺到自己的情緒。他們可能根據不同因素決定處理情緒的方式，但是他們絕不會放任自己的情緒不管。

• **行動／冒險傾向**。開放的態度通常意味著單純地樂於體驗——特別是新的經驗，而不只是達到目的的一種手段。這種傾向增進對新奇事物的興趣，以及對冒險行動的自在舒坦。

• **習慣抽象概念和思想**。對思想和智能活動的興趣，包括商業概念、令人困惑的問題或難解的謎題，都有助於對某件事情提出充分的解釋或為某個理論性的問題辯論。

• **質疑傳統價值觀和智慧的傾向**。開放學習性有時意味著更改，甚至違反規則。它讓你對模稜兩可和某種程度的混亂感到自在；你不會總是要求事情黑白分明。

開放學習性格的聲音

	開放性低	開放性高
想像力／幻想	「你瘋了。拿出一些檔案數據資料證明給我看。」	「我打賭。市場五年後的光景會跟現在完全不一樣。我認爲它會是……」
美感	「美學，美學。我要的是上頭印有價格的東西。」	「我不是宣傳冊子的專家，但是這個的設計太亂，商標過小，顏色也糟透了。」
情緒的理解和表達	「我從不生氣，該死！我的胃藥哪兒去了？」	「我真的對沒爭取到那個客戶忿忿不平。失去這個客戶確實有影響，但是，我知道將會有另一個客戶。」

行動／冒險傾向	「安全嗎？」	「我不知道它是否能成功，但是，不管選哪一條路都會充滿挑戰。」
習慣抽象概念和思想	「不要給我不切實際的理論。我只要數字。」	「請讓我解釋這背後的想法，以及爲什麼能在你的策略中產生作用。」
習於質疑傳統價值觀和智慧	「照著程序手冊處理就對了。」	「竭盡所能滿足客戶眞正的需要。」

開放學習性高的人總是在「設定願景」方面搶先一步，道理其實不難理解。他們不只是在框框外思考，他們根本不知道有框框存在。展望未來，想像一個目前不存在的生涯或角色，樂於嘗試新事物，敏銳感受自己對種種，事物的情緒反應，很習慣證明傳統智慧的錯誤，凡此種種都有助於你爲自己畫出一幅未來的藍圖，而且可能看起來迥異於你的現況。

先前談過，這些性格層面受基因的高度影響，但是產生作用的方式不像電燈開關或開或關，而是像燈光調節裝置般慢慢調高或調低亮度。如果開放學習性可以用標尺來比喻，每個人是在從極高到全無之間的某一點上。你可能在開放學習性方面整體的得分高，這個結果可能是你某些面向得分高，而某些面向得分低。比方說，我對藝術不怎麼感興趣，但是我喜歡辯論種種想法。

成功啓動子：「繪圖」(picture-painting) 基因

成功者的DNA中可能有某種特別的東西，但是，它們並非生來就是如此。創業家通常不會現身演講廳大喊，「我在此嗅到機會了！」他們的生涯往往不是循著筆直的直線發展。他們的生涯發展可能類似彈珠檯遊戲，從一次成功彈向另一次成功；你知道最後將累積出極高得分，但是開始時，你根本無法確定將會撞亮哪些反彈器，每一次彈擊命中又會得幾分。

成功者確實都有一種想做大事或至少表現突出的感覺，是一種他們將成爲偉大人物的感覺。開放學習性讓他們有機會發覺活出那偉大圖像的途徑。有位朋友談到母親當年在學校教書時的小故事。她在責怪學生粗魯無禮時習慣說：「他只是努力想要與眾不同。」在一九五〇年代的美國南方，一位母親的眼裡，「與眾不同」絕不是件好事；那意味著你可能成爲另一個巴特·辛普森 (Bart Simpson)。但是對創業者而言，「努力想要與眾不同」往往就是成就一番事業的開端。

立定一個願景，就算是短期願景都是成功啓動子 (Success Promoters) 的基礎。它會幫助

「啓動」天生的開放學習性格，並透過引導它專注於你眞正想追求的事物而發揮作用。我一直有著強烈的目標和野心，然而那是一次又一次的創業逐步發展出來的。山姆‧懷利等大多數創業家都是如此。很多創業家，包括我在內，都會說一開始根本沒有想過會有今天的成就。不過，他們一直都知道自己會成功，也全心全意投入所追求的願景。

你先天的開放性格愈強，在生涯中看出發展機會的本能也愈強。我喜歡把願景想成是畫一幅你想用什麼方式，成爲怎樣一個人的圖畫。你爲自己畫出那樣一幅畫，看到自己置身其中的情景，就會明白你需要做什麼才能活出畫中的你，使夢想成眞。我二十年前想要一輛BMW 320i。我腦海中有自己駕駛 BMW 320i 的模樣，並且終於買了一輛。不管怎麼說，它其實還談不上什麼願景，但是動機本身提供重要的動力。

如果你的開放性格弱，你更需要一個有條理的願景。它會幫助你看到原本可能沒注意到的發展機會。要瞭解這麼做的效果，不妨想想你最近一次想買新車，心中又已屬意某款車的情形。你可能每次出門就開始留意那款車。當我想擁有那款ＢＭＷ時，320i 彷彿無所不在。事實上，並非馬路上這款車變多了，純粹是我的渴望使我更注意到它們。同樣地，你的渴望會幫助你集中注意力在個人願景上。

你的願景圖像要有足夠的吸引力，才能在你向前邁進時，提供破除種種阻礙的力量。切記，像個創業家般思考意味著，眼睛看著高速公路前方而非後視鏡。當你發現自己眞正的志業所在時，你會被一股磁力吸引而全心投入。那正是你需要爲自己描繪，屬於你自己的圖像。同樣地，完成它不一定需要花十年或二十年；它只需要是能讓你保持不斷前進的圖像就夠了。

你的願景也必須適合你自己，而這通常是願景出問題的所在。光是創造一個你想要的未來願景很容易。你大可隨心所欲地做白日大夢，可是如果那幅畫不適合你，以你的天賦條件其實不可能達到那種成就。因爲，能夠導致你追求成功上癮的其實是性格、能力與本能的完全發揮。

如果你的願景偏離你是怎樣一個人，或如果那是別人的願景，只會有兩種結果。一種是你實現了願景但慘烈無比，另一種是你達到某個階段，四下環顧並且說，「怎麼回事？爲什麼只是這樣？」瞭解並利用你個人的特質，能讓你知道自己對所期望的角色是否眞的感到自在。這會幫助你訂定自己的議題和策略，而不是由別人來爲你訂定。

以我爲例，一旦開始想像自己不只是細胞生物學家，還可以是另一種身分時，我就展開了終生爲自己畫圖的過程。每一幅畫都讓我看到生涯下一步的模樣，爲什麼我感覺它適合我，以及我需要做什麼才能實現它。當我擔任藥廠業務代表時，我不可能知道自己會成爲《財星》五百大企業的執行長。可是當時的我確實有一個美好願景，引領我運用種種才能，在通往成功的道路上，創造適合個人的後續步驟。從細胞生物學家、業務代表、行銷高階主管、廣告

「繪圖」基因的標記

- 你知道自己爲什麼想成功。
- 你能想像自己扮演新的角色。它雖然超越你現有的能力，但仍與你的ＤＮＡ相符。
- 你了解哪一種性格特質可以讓你在你每一個新的願景圖像中都能感到自在。
- 你對非線性、非傳統的生涯發展路線感到自在。
- 你欣然接受改變，而非對抗它。
- 你知道自己這麼做，是爲了追求快樂，還是逃避痛苦。
- 你主動尋求新的經驗。

公司老闆，一直到當上執行長，生涯發展的每一步對我而言都是一幅新的圖像。

提出一個適合自己的願景並付諸實踐，本身就是一個重要的成功啓動子。如果你認爲自己的開放學習傾向很弱，又該怎麼辦呢？你可以採取一些有助於啓發這方面創業思考的行動。爲了描繪一幅屬於你自己的圖畫，指引你逐步邁向未來，你需要自問兩個關鍵問題：

- 你爲什麼想要追求它？

●你在那幅畫中是否眞的很自在？

就算你是開放性超強的人，仍然需要瞭解自己對這些問題的回答。你的回答可能隨時間而改變，那些喜好新奇、求知慾強且開放性高的人更是如此，但是你總是要有一個起跑點。回答問題時必須聚焦於未來——不管是兩年或二十年之後。回答的內容必須逼眞、明確，讓你對未來的印象就像曾經發生過的事情般眞實又重要。當然，可能否定那幅圖像的問題也必須眞實並且誠實作答。

你爲什麼想要追求它？

光想成功並不夠。咱們實話實說吧，如果想成功就能成功，你大概不會看這本書。你根本不必讀書。你只要想著想著，然後，砰地一聲，生涯仙子就在你的銀行帳戶撒上成功金粉。你成功了。

你需要回答的問題是，「對我而言，成功是什麼**感覺**？」問問創業家他們小時候希望長大做什麼，長大後又對自己懷有什麼樣的願景。很少人會說，「喔，當然！我想成爲一個創業家。」通常，他們眞正知道的是㈠他們想出人頭地，以及㈡**爲什麼**那對他們很重要。他們知道自己想得到何種心理和財務上的報償，以及擁有這些東西將會滿足心中的渴望。

以我的情況為例，一個主要動機就是能夠保護和奉養母親，使她的生活更舒適。我記得小時候無意間聽到，父母親討論要買什麼給我當聖誕禮物。我的朋友都有玩具手槍，我也很想要有。母親因此想買一支給我。父親則認為我們買不起。一支玩具手槍也不過一塊五美元。我長大想要的不僅是財務上的安全感，還希望有能力提供自己和我所愛的人所需要的任何東西。對我而言，成功的意義絕不是只為了三餐溫飽。它意味著能夠提供我所愛的人最優渥的生活條件。我絕不希望半夜醒來，想著是否買得起一支一塊五美元的玩具手槍給兒子當聖誕禮物。

等上了研究所，我又更清楚財力保障是個人努力的重要動力。作為研究人員，我有每個月三百三十三・三三美元的獎學金。對一個向來靠修剪草皮和打掃校車賺幾個二十五美分銅板的人而言，那看來好像是一大筆錢。但是扣除每個月二百五十五美元的房租後，面對三餐在內的其他開銷，這些錢其實並不寬裕。我的妻子潘（Pam）白天上學，晚上在麥當勞值夜班好貼補家用，但是我還是為錢傷透腦筋。

你可曾聽過「錙銖必較」？沒錯，我們確實如此。有個週五晚上，潘和我都因一週來繁重的工作而筋疲力竭，兩人搜括家中所有硬幣，看看夠不夠錢買份披薩，外加**生菜沙拉**！然後新的問題出現了，我們吃得起在沙拉裡添加橄欖嗎？那一刻，我脫口而出，「不能再這樣過了，我得做些不一樣的事。」讓我們為了吃加橄欖的生菜沙拉，必須賣命工作到如此不堪的程度，這公平嗎？那不就是父母當年買玩具手槍窘境的翻版嗎？

那一刻，我已經準備好要爲自己畫一幅新的圖像，也對潘全力支持我追求自己的新願景感激不盡。她表明，如果我決定繼續學業，她也同樣支持。她的支持讓我能夠毫無牽絆地追求最適合我的願景。她瞭解我爲什麼想要追求它。

赫曼・肯恩（Herman Cain）很淸楚自己渴望成功的程度不下於父親，父子兩人也都喜歡冒險。但是他們想要成功的動機卻截然不同。

「我們對成功的定義不同。家父十八歲離開農場時，只有一個簡單行囊。他對成功的定義是，賺足夠的錢讓家人過舒服的日子，幫助兒子受比他好的教育，以及有足夠的錢以備萬一他發生事故，家母不至於無所依靠。他沒有股票，沒有財富。他的注意力總是集中在，如何能夠創造財力保障。他對成功的定義不是成爲百萬或億萬富豪，而是確保太太不會在他走後一無所有，或是他們晚年要過苦日子。」

「我對成功的定義是，在一定程度的財力保障基礎上，不僅基本生活需求不虞匱乏，還要能得到一些額外的東西，例如有能力好好享受度假。我想做的事情像學打高爾夫球，旅行，有個舒適的家，供應孩子們上學，還有比老爸更寬裕的休閒時間。」

「他曾經同時做三份工作，爲的是要拚命激勵自己追求成功；他對達到那樣的成就興致勃勃。我從大學畢業後，就沒有同時做三份工作的經驗。相反的，我每天在一份工作上投入很長的工作時數。我希望達到另一種層次的成功。我們的共同之處是渴望成功和喜歡冒險。」

「單單擁有所謂的熱情DNA，其實未必會成功。你的夢想必須符合你對成功的定義，你才會對它狂熱。如果你沒有實現的熱情，有什麼樣的DNA其實不重要，你不可能實現它。如果你空有熱情，但不知道自己的夢想是什麼，你也不可能實現它。」

當所處行業和產業變動頻仍時，提出願景需要更謹慎。那也正是個人必須界定何謂成功的原因。它會給你一個目標，開放你行動的各種選擇。你要成功，夢想、熱情，以及你的DNA都必須配合一致，達到完美同步的境界。

雖然查康（Victoria Chacon）離開祕魯獨自來到美國後「日夜」哭泣，她很清楚自己爲什麼要來這個國家，要做兩份工作，以及後來創辦三家性質不同的公司。因爲她要實踐對家人的愛。

「很多、很多次，就像許多難民般，我發覺自己會問，『我幹嘛在這裡？我在家鄉也許找不到工作，但是至少還有家庭。我的整個世界都在那裡。我幹嘛在這裡？』但是我接著想，『兒子在那邊要擁有一些東西，唯一的辦法就是我仍待在這裡，所以我應該繼續努力工作。』就因爲我心中對他們的那份愛，我需要這樣做。別無選擇。我必須只管向前邁進，總是爲他們著想。如果你愛一個人，你先想到的不再是自己，而是他們。他們是我的一切。我會問我自己，『如果回去，我或許會覺得比較舒服，但是我的兒子、我的家庭會怎麼樣？我是他們唯一的選擇，因此，我沒有理由回去。』」

創業動力

你可能有下列全部的需求，也可能只有一、兩項。不論是哪種情況，你都必須確實明瞭每一項對你的重要程度。它們之間的重要順序可能隨時間而改變，儘管如此，它們可以作爲你擬定願景的基礎。

- 探索的自由
- 財力保障
- 你喜歡的生活方式
- 對其他人和事具有影響力
- 掌控自己的命運
- 發揮創意
- 享受刺激，免於無聊、乏味

查康的兒子目前在喬治亞州，她的妹妹和兩個女兒也都在這裡。「我感到非常快樂，非常滿足，因爲他們都住在這裡。那是我的使命：提供他們一種更好的生活方式。就這點而言，我可以說我做到了。」

你的願景必須與你的情感、渴望，及需求有關（這也是開放學習性很重要的另一個原因，因爲它協助你意識到自己的感覺）。即使你只想賺很多很多錢，你必須知道，擁有那一大筆錢對你而言代表什麼意義。是免於恐懼嗎？令他人羨慕嗎？還是得到別人的關愛？不管動機能否攤在陽光下，你都需要眞誠地面對它們。缺少那份情感聯繫，願景將無法提供你採取行動的動力。任何雄心勃勃的事業，不論是創辦公司或主持社區計畫，你都會遭遇諸多障礙。你的理智會希望你破除眼前障礙，但是眞正使你**想**克服它們的將是你的心。而且，你的內心將爲此交戰、翻騰，直到你採取行動做到爲止。

願景也不是靜態的。你需要不斷地重新界定它。不要只問最後的成功是什麼樣子。你要問的是，「就我目前的角色而言，成功應該是什麼樣子？」你要自我挑戰，應該如何思考下一步。你要不斷地尋求自己的下一次成功。你應當自問，「當我在這上面成功時，我將會有什麼機會？」你不可能淸楚這次成功的結果。不過，你一定會知道，這次成功會讓追求新的圖像更可行——以及哪幾幅畫看來最有吸引力。

看清楚圖像中的你

當法醫進行檢驗，比對兩個DNA樣本時，他們把二十三個染色體的透明圖，逐一疊放在另一個樣本的二十三個染色體的圖形上面。如果兩者形狀一致，它們就吻合。同樣的，你需要把願景的DNA——你想像得到，讓自己走入那幅畫中所需要的所有條件——放在你自己的DNA上面。你疊放在本身性格特質上面的未來生涯需求，必須與你是怎樣一個人相吻合。

知名童書作家莫里斯．桑達克（Maurice Sendak）說過一個故事，很能顯示一個人的願景與本身長處相稱的價值。他曾取得創作繪本《野馬國》（*Where the Wild Horses Are*）的合約。不過，就在他坐下來開始創作時，他碰到了問題。他發現自己不會畫馬。

他向編輯說，「我無法創作這本書。我不會畫馬。」被弄得很火的編輯問，「那你會畫什麼？」桑達克回答，「我會畫……一些東西。」他腦子裡想到的「東西」是一群長得像精靈的人，他們使他聯想到他的叔叔、阿姨們，而這就是後來很暢銷的《野獸國》（*Where the Wild Things Are*）的由來。

光是畫出你想成爲怎樣一個人並不夠。你還需要在腦中想像自己置身在那幅畫中，感覺自己是否覺得自在。桑達克創作那本書的原始願景是，展現自己專擅的畫技。如果你的畫風較像雷諾瓦（Renoir），你就不會去做一幅畢卡索（Picasso）的畫。如果你覺得自己好像能融入畫中，一切都顯得是那麼恰當又自然，那麼，那幅畫可能眞的適合你。當然，那並不意味著你已經具有成就那個工作所需要的所有技能或知識。它只是意味著你考慮過自己的先天性格特質，以及後天的修鍊。你可以看到自己擔當那個角色的生活，要應付的種種需求和挑戰，並使它與你本身的性格結合。你的願景的DNA必須與性格的DNA相吻合。

那正是我從研究科學家逐步轉變成執行長的做法。一九七〇年代初期，當我就讀研究所時，細胞和分子生物學的基礎，雙螺旋的影響力愈來愈淸楚。這個領域似乎也爲初露頭角的研究科學家提供近乎無止境的知識探索的可能性。每天都有遺傳、疾病及醫藥方面的新發現。從事細胞生物學家的工作確實很吸引我。但是，科學研究是一個緩慢又艱辛的過程；即使再小的突破都需要數年時間。並且，我眞的厭倦了在沙發墊夾縫間找銅板買披薩，以及讓潘深夜兩點拖著疲累身軀返家，滿身的炸薯條氣味。

就在我即將取得碩士學位時，指導教授有一天把我拉到一旁。他說，我不是當實驗室科學家的那種人。「湯姆，我一直在觀察你。我看到人們進來後，被你強烈吸引而圍繞著你。你具有社交才華，而那是大多數研究人員所沒有的。你要利用那些才華，就應該考慮離開這個圈子。社交才華可以幫你賺到比在實驗室工作更多的錢。」他明白建議我，走上能發揮性格優勢的路，跟人而非跟老鼠打交道，我的生涯將會比較快樂。我因此開始考慮找一個能夠更快達成財力保障目標的職業。

兩天後，我在大學附屬醫學中心注意到一群穿白色實驗服的醫生。他們正專心聆聽一位穿著體面、提個漂亮的鱷魚皮公事包的男子講話。他以科學術語對他們侃侃而談。令我印象深刻的是，竟然有人能擄獲那一群醫師的注意力。醫師們慣於懷疑又聰明絕頂，跟學術界的博士沒兩樣。接下來我弄清楚，那名男子任職於一家知名藥廠，他正向醫生們解說公司的產品，希望醫師將這款藥列入處方或推薦給病人。我靈機一動。這可能就是不再需要爲買披薩錢發愁的解答。

身爲受過訓練的科學家，我曉得該做什麼事：我開始研究那個領域。我查閱《美國藥典》（*Physicians' Desk Reference*, PDR），那是一本蒐集美國藥物食品管理局（FDA）認可的所有處方用藥的資訊大全。它包含每一種藥品的成分說明、用法、潛在副作用、藥效反應及可能的藥物交互作用。基本上，它是醫師的用藥指南。一頁又一頁地翻閱，我知道以自己的細胞生物學背景，不僅精熟這些資訊不成問題，還能以自己的方式輕易傳授給其他人。

我開始縮小《美國藥典》的研究範圍，鎖定從科學的角度最令我感興趣的藥物，像是抗生素、精神病用藥及代謝作用有關的藥物。當時是一九七四年，輝瑞藥廠（Pfizer）似乎有特別多我感興趣的產品，我也覺得自己可以成功地推銷它們。

我的人生中有很多轉捩點，但是這是造成影響最大的一次。它絕對稱得上是界定人生的重要機會，也就是我所稱的「關鍵點」(punctuation point)。前提是，你要能察覺到它，還要有膽識追求它。我開始採取行動，努力成爲該公司的見習業務代表，工作地點在馬里蘭州，就在我當年擔任服務員兼出納的那家A＆P小超市附近。這開啓了我的執行長之路。

你爲自己所畫的圖像有可能看起來有點另類；我的圖畫正是如此。但是，如果你仍然覺得適合，可以利用你本身的「成功基因」組合，設法讓自己找到進入那幅畫的途徑。

你是合適的畫中人嗎？

以下幾種做法能幫助你清楚感覺到那幅畫適不適合你：

評估你將面臨的問題

評估自己時，不要只想履歷或技能，而是應該考量行爲表現方式或生活態度。一開始，試著問自己一個問題：**在「感覺很棒」(feeling good) 或「還不算太差」(not feeling bad) 之間，哪一項對我比較重要？**

乍看，這兩者好像沒有差別，但是它們眞的不一樣。如果你是一個重視「感覺很棒」的人，你會試著盡量快樂。你會想做得更多，成就更高，擁有更多；你會傾向於說「爲什麼不？」(why not?)。相反的，如果你較像是一個重視「避免痛苦」(prevent pain) 的人，你比較傾向於閃避壓力，緊抓著熟悉的事物不放，把潛在衝突減至最低。你在做一些事情之前，通常會問「爲什麼」或「要是……會如何？」，因爲對你而言，沒有痛苦比感覺很棒更重要。

如果你比較像是「感覺很棒」的人，你的思考就接近創業家。如果你比較像是「盡可能減少痛苦」的人，你會權衡達成願景所要付出的努力和代價是否值得。你的夢想愈大，報償愈大，你可能被要求的犧牲也愈大。再想想，你爲什麼想要那願景。如果避免痛苦比追求夢想的快樂更重要，你可能要調整願景。夢想小，問題少；夢想偉大，挑戰巨大。你必須清楚何者是你喜歡的。如果想要超級成功，就要有面對超難度挑戰的心理準備。

試試手心冒汗測驗（Sweaty-Palms Test）

閉上眼睛，想像自己日復一日逐漸實現願景，但也別忘了辛苦的那一面。不要只想高層職位和加長型豪華轎車，還該想到你的生命將耗在機場和董事會議無數個小時。如果你的手心開始冒汗，如果你覺得不自在，如果你覺得自己根本不適合那樣的一幅畫，你需要搞清楚這裡面出了什麼差錯。或許，那是你對挑戰慣有的反應，也可能是新陳代謝系統正試圖提醒你，你這個人與你所想要的並不相稱。不過，你也可能想像，自己正利用過去賴以成功的性格和生活態度，把自己導向成功。經過一番思考，接下來就看你如何結合那些基礎，達到你想要的目標。

實驗

把自己放在某種情境中檢驗願景的單一面向。如果你考慮創辦公司，試著不使用支票，看看你會多焦慮。做一些實現願景過程的小實驗，可以幫助你瞭解自己對它是否感到自在。

如果那幅畫要求你創造某個虛假的人格面具，放棄它吧。無論我們怎麼描繪自己的創業家圖像，性格是不會改變的。成功者無論怎麼發展，還是能自在地繼續做一個和善可親的人、熱心公益的人、慷慨的人或有創意的人，因爲他們所創作的圖像從一開始就是他們的一部分。他們在畫中採用的就是他們的原貌，而非強求自己成爲與本性不合的人。

我相信，能把自己看成是會成功的業務代表，而不只是一個研究生，幫助我取得在輝瑞藥廠的第一份工作。我先接受巴爾的摩地區經理面談，對方還安排我到亞特蘭大見他的區域經理。那可是很恐怖的經驗。我坐的椅子很矮，必須一直仰頭看著對方，而他的辦公桌還高架在一個平台上。另外，我缺乏銷售經驗顯然也無法讓他對我產生好印象。當我從亞特蘭大回來時，巴爾的摩地區經理問我情況如何。「不怎麼好，」我說。我甚至提出自付機票費用，以免公司爲難他。他想了一下，然後問，「你認爲你能做這個工作嗎？」

「絕對沒問題，」我回答。這可是一個打從心底相信的答案。即使我從不曾以專業身分賣過任何東西，我就是覺得自己很適合。

他說，「那你被雇用了。」

我的表現就是能看到自己置身那幅畫裡的力量所促成的。

開放學習性不足怎麼辦？

開放學習性高的人要瞭解如何創造願景很容易，至於天性並非如此的人呢？這是否意味著你乾脆放棄創造願景，就此日復一日埋頭工作，希望有一天好運出現？

一點也不。你除了回答本章討論過的兩個問題，還可以運用一些策略性做法，提高你已有的開放性。嘗試一下，看看它們能夠如何增進你的想像力，進而幫助你爲自己想像出新的選擇。

在生活中養成定期接觸新事物的習慣

每個月至少一次，撥出一些時間，讓自己勇於嘗試新的經驗或想法，並且擴展視野。

如飢似渴地閱讀

知道像本書中成功者的生涯故事會刺激你創造願景的能力。

挑戰自己，從美學體驗中發現某種有價值的東西

可以是一件藝術作品，一段音樂。像夕陽餘暉就能讓我放鬆心情和注意力。逼自己在一幅抽象畫和一個商業情境之間找出共通之處（想像一下自己與知名抽象派畫家傑克遜・帕洛克〔Jackson Pollock〕開會的情景）。那將激發你的創意。

利用你的分析能力

逼自己分析種種構想，訂出它們的合理目標，然後再往前推一點點。如果是與客戶合作，問問自己，對方在未來兩年、五年或十年內將會需要什麼。利用邏輯推理激發你的創意思考。

學習問自己問題

假裝你是一位記者，必須撰寫一篇有關你的企業未來發展的報導。爲自己寫一份想像的求職信。爲自己寫一份應該會成功的創業計畫。凡此種種都能讓你有更遠大的視野，並思考成功對你所代表的意義。

即使開放性是你天性的一部分，它絕非有利而無害。缺乏其他性格特質的平衡，它會無

止境地讓你盲目追求下一個新事物。你需要引導它，使它能協助你築起一系列想追求的夢想，也就是一個逐步成形的願景。那個逐步展開的願景就是成功啓動子。它會引導你生來或高或低的開放性發揮作用。它激勵你尋求新的挑戰，使你保持前進不懈，一步一步地達成最終的成功圖像。

4

戰勝恐懼的挑戰(I)

相信你有過關的能力

我是棒球迷。我最欣賞的銘言是，
一九七〇年代，曾經是洋基隊大將，
後來投效德州遊騎兵隊的
麥凱・瑞佛（Mickey Rivers）的心得。
瑞佛深諳冒險的滋味，
因爲他是一九七五年美國聯盟的盜壘王。
我最欣賞他所說：「你能控制的，何必害怕；
同理，控制不了的，又有什麼好怕，
反正你也控制不了，對不對。」

我是棒球迷。我最欣賞的銘言是，一九七〇年代，曾經是洋基隊大將，後來投效德州遊騎兵隊（Texas Rangers）的麥凱・瑞佛（Mickey Rivers）的心得。瑞佛深諳冒險的滋味，因爲他是一九七五年美國聯盟的盜壘王。我最欣賞他所說：「你能控制的，何必害怕；同理，控制不了的，又有什麼好怕，反正你也控制不了，對不對。」

當柏尼・馬庫斯（Bernie Marcus）正値四十九歲英年，遭到東家解雇時，他爲重起生涯爐灶而憂心忡忡，絕對是合情合理的。他砸下大筆金錢控告前任東家，因爲他不僅自認是在不合理情況下被解聘，解聘做法對他更是極盡羞辱。最簡單的做法是，另外找份工作算了。可是這絕非馬庫斯的行事風格。他與合作伙伴亞瑟・布蘭克（Arthur Blank）一致認爲，銷售低價位的各類家庭建材大有可爲，**龐大的**顧客市場足可支持他們創業，因此誕生了家庭倉庫這家公司，以及特定產品類別的大賣場風潮。

當他人過中年，又是傾家盪產孤注一擲時，內心不會惶恐嗎？「當然，」馬庫斯如是說。「恐懼是因爲它全然未知。只是我們相信自己所作所爲是對的，我們決心咬緊牙關幹到底。我們身邊不乏篤定我們會失敗的人。我的意思是，他們眞的下注，賭盤一面倒地認爲我們會失敗。產業界也有人放話，我們搞這一套毫無勝算。可是我們不以爲意。」

馬庫斯認爲，他這種不屈不撓的性格，來自母親的遺傳。馬庫斯家庭是以難民身分到美國，既不會說英語，也沒有受過什麼教育。馬庫斯說，他的母親即使因罹患風濕性關節炎而成殘障，依然對人的意志力篤信不疑。這啓發了他的創業家精神：

「她是你打不倒的那種人。即使面對殘障的手，依然對人生充滿正面思考。我認爲那是她所擁有的特質中最重要的部分。即使遇到最壞的情況，她也能找出其中的積極面和價值。好比有人過世，她也會說：『至少他毋須再受苦了。』對創業家而言，如果你承認茶杯中只剩半杯水，那你一定成不了氣候。因爲即使只剩下四分之一杯水，你還是得相信它是滿的。如果你不能接受這種看法，你也不可能成功。創業家要有一種無論如何自己都將成功，沒有什麼能阻擋得了的氣勢……要說這是遺傳基因的作用，我深信不疑。」

像馬庫斯這類超級創業家最令人困惑的一點是，他們堅持能一飛沖天的信念。他們不僅自己無所畏懼，還能激發別人也產生同樣的信念。創業家般地思考，並不意味著你必須克服恐懼，而是擁抱恐懼，設法將它降至最低程度。如果你是半夜從噩夢中驚醒的人，你不大可能說服其他人。事實上，你會讓他們也忐忑不安。問題是，誰希望或需要更多焦慮不安呢？

究竟是什麼因素導致一個人能在五十歲遭解聘時自行創業，而其他人卻乖乖滾蛋，或選擇將就地過活？什麼因素讓某些人心甘情願地被自己痛恨的工作套牢（我當然不是指你），而其他人卻致力追求屬於自己的演化願景？同樣地，我認爲關鍵就在於你的遺傳基因，所謂的成功基因。當諸如此類的決定性時刻出現時，人們天生的人格特質就會出現，告訴自己放棄吧，抑或是迎向挑戰，讓自己的目光專注於新的地平線。

作爲創業家最詭異的挑戰是，調整自己的風險到能夠承受的程度。這也是你的願景、你爲自己描繪的成功圖像如此重要的緣故。知道你爲什麼要那些東西，有助於你甘冒風險。不過，如果你對冒險、改變、演化的興趣很差，你可能必須先承認你的目標也應該縮小。實現自己的願景，無論是開一家公司，找一份新工作，或計畫在公司組織內往上爬，都意味著你要一直與新事務纏鬥。有個不斷演化的願景，意味著你必須決定它們究竟是哪些事情。

冒險有點像重量訓練。你必須有規律地做。你也必須讓自己有心理準備。你需要在不受傷或疼出眼淚的情況下，伸展自己的肌肉。

我有位在大型電子公司工作的朋友。他的推銷功力無人能及，在公司業務排行榜上一直名列前茅。當我想要買台新電視、錄放影機或光碟機時，我第一個想到的就是他。他也老是說，「我眞的應該自己出來創業。」有時候他想開家零售店，有時他想開顧問公司，協助像我這類的顧客，弄清楚該爲家庭或公司買什麼樣的設備。有一次，他的公司必須大規模裁員，這讓他有機會提早退休。我當時想，這太棒了。他終於可以一償宿願自行創業。我對他說，「喬治，你有什麼好擔心的呢？你在業界的聲譽無人能及。這個區域的人都認識你，也肯定你的價值。我們來打打算盤吧。如果你跟我談一談，我就可能向你買X量的貨，你只需要每年這麼做五十遍就行了。這裡面賺的錢絕對比現在東家付給你的多很多。」

他的回答是，「可是，如果我有一個星期不幹活，或沒有人找我當顧問怎麼辦呢？」我嗆他說，「你現在忙到連每天晚上、週末都沒空，這怎麼會是問題呢？」

結果還是老樣子。他說，「這實在太冒險了。我有兩個兒子要讀大學，老婆想買輛新車……我每個月要付的帳單實在太多了。」他列舉的每項理由都可以用在我身上，只是我們對其中的風險有截然不同的看法。對我而言，這麼做的好處和潛在利益實在是再明顯不過了。對他而言，任何夢想的實現，都有路障橫在前面，我卻能成功地說服自己不必擔心。

每當我看到人們在這類抉擇中掙扎，苦惱著到底要不要朝新方向奮力一搏，或是沒有足夠自信，我總是替他們難過。我很想提醒他們，「老兄，別那麼煩惱，如果這麼做是對的，時機也已成熟，你一定很清楚。」還記得我們說過的「掌心冒汗」的測驗嗎？如果你的演化願景讓你想要冒險一試，那再好不過了。但是不想冒險並不意味著你就是弱者。那只是說，你與其一步拉開柵欄做出大改變，寧可選擇用更多次數的小改變罷了。

究竟是什麼因素讓某些人有那種勇於冒險的自信，並成為明星選手呢？

尋找風險

我有個朋友懶散成性近乎小孩子。她家的客廳到處都是等待回收的報紙、等待收拾的小孩子玩具，擱著等有空再處理而只做一半的案子。她的先生爲她這種無視腳下混亂，處之泰然的表現，取了一個「地盲」（floor blindness）的綽號。他說，「某種程度上，她很淸楚地板上四處都是東西，但是她就是能視而不見，而且完全不像我這麼困擾。」我想那就像是背景噪音，聽久了，習而不察，到最後，根本是充耳不聞。

當風險出現時，創業家確實需要某種程度的「地盲」，或該說「風險盲」（risk blindness）。很多人認爲我的生涯就是一系列的冒險。我想他們應該是對的。但是誠實地說，我眞的不這麼認爲，一點也沒有冒險的感覺。**天生的創業家對風險的感覺其實不像是風險，反倒像是這個世界運作的方式**。它是當眼前的路看似走不通時，做決策必須考慮的訊息之一。對創業家而言，風險就是機會。

我認爲自己能成爲創業家，主要是靠一件事情所發展出來的風險盲能力。那就是當我離開研究所時所經歷的風險。當我被輝瑞藥廠錄取，分派到巴爾的摩區當業務代表時，這家公司共有六百八十四個業務區（今天則超過上千個）。巴爾的摩是當時業績最差的地區。我想這大概也是地區業務經理敢大膽雇用一個沒有實戰經驗的小鬼的原因。因爲當時的我除了大學實驗室的打工經驗外，真的沒有任何工作歷練。從輝瑞的觀點，巴爾的摩就像南極，大家的目光都注意北方。這當然是一項挑戰。當地的醫療社群以約翰霍浦金斯大學爲首，那也是當時全球醫療最先進的地區，對我這種搞不清楚自己在說什麼的藥廠業務代表而言，巴爾的摩醫師尤其擅長施展拷問這一招，如果你在浪費他們的時間，他們保證讓你哭著出去。

真夠嗆。

有輝瑞的品牌加持，我可以和任何想見的醫師安排拜訪時間，重點當然是要能避免招來拷問，也就是展露我對醫學和科學的知識。我的手提箱裝滿了公司精心製作的銷售資料。不過，當我與醫師利用看診空檔在休息區會面時，餐巾紙才是我的最佳銷售武器。我憑著自己對生物學、生理學、生物化學的瞭解，以餐巾紙當作黑板，在上面塗寫藥性對人體的功效。一年下來，我的責任區成爲輝瑞藥廠最有生產力的區域。我成爲年度最佳業務代表，明星俱樂部的成員。

很快的，我被拔擢進入公司在曼哈頓的總部，參與藥品行銷工作。那可是我在實務上不曾接觸過的領域。我儼然是一個能在行銷方面提出新點子的科學家。這並不常見，可是我證明了這一招很成功。

這不是說我從此一路順暢。我還記得，當我到總部新辦公室上班一整天後，那是星期一，我的新老闆告訴我，星期四要提出一份三年的損益平衡表。三年的材料要在三天內整理出來！

還有，我對損益平衡表其實沒有概念。別忘了，在大學實驗室裡做老鼠實驗的人哪會修什麼會計或財務課程。我記得當時還對有一種既獲利又損失的報表大感不解。

更嗆了吧？

我向一些同事請教，也用了一些別人做好的材料。週四截止期限前完成這份報告。接下來，我馬上報名「非財務主管的財經知識」課程。我知道自己先前所冒的風險必須要有好的結果。

創業家不是冒險家

對天生的創業家而言，風險其實更像機會。我不會想玩高空彈跳，可是面對可以帶來成功的挑戰，我眞的樂在其中。對於小學生，「風險」這個詞彙當然不像「花卉」等詞彙給人正面的聯想。我們從很小就被訓練得不愛冒險。以《韋氏字典》中對風險的定義爲例，眞的不包含任何積極的意涵。可是成功的創業家知道，要得到最大的賞報，唯有從發展個人能力，承擔愈來愈大的挑戰，並且成功克服挑戰當中獲得。這些挑戰給他們的感覺絕對不像是風險。

我曾提過，自己如何在一年內從原本規劃當大學教授、研究型科學家的生涯，轉而成爲輝瑞藥廠的最佳業務員。可是在不斷演化的願景中，我的下一步可又令大家目瞪口呆。當我在輝瑞磨練好行銷能力後，我跳槽到一家廣告公司。接下來幾年的情況很不錯。一方面，輝瑞等廠商就是它的客戶，另一方面，我有能力從客戶的觀點來看事情。我發現客戶期待我的不是如何進行廣告活動，而是我的策略性思考。這又是一個新概念。

可是幾年後，我又靜極思動。這家廣告公司的執行長剛任命了一位新總經理。此舉意味著短時間內我不必想要坐那個位子。還有，不管從任何角度看，這家廣告公司的組織文化似乎也在改變，我實在無法認同我的工作只是臉上堆滿笑容，頻頻刷卡消費，邀宴客戶共進午餐。當有位顧客把你拉到一旁，低聲告訴你說，「下次別再把某某帶來，他不僅沒有幫助，還會惹我們生氣。我們需要你來幫助我們做策略思考。」聽到這番話，你知道自己異動的時間到了。

我開始感覺自己創業家的本能出現了。我不斷發現自己會在事後安靜思考，假如自己是組織負責人，會有什麼不同的做法？愈來愈多時候，我發現公司決策造成我和所有同仁錯失理解和鎖定醫療保健領域的機會。客戶和同事一直敲邊鼓，強調我的銷售能力加上對藥品市場策略思考的名氣，絕對足以令一家醫療保健廣告公司大獲成功。這個領域不僅在成長，而且愈來愈知性導向。我也不斷發現絕不可能在原公司放手追求的潛在機會。

無論何時面對諸如此類的冒險決策，我都會試著將事情盡量簡化。我列出各種選擇的優缺點。留在原位我生活無虞，如果我願意忍受愈來愈沉悶不快的模式，我也可以一直待下去。我可以跳槽到另一家廣告公司，可是我仍舊不是領導人，沒有充分權力建立一種自己願意完全投入的銷售關係與文化。我也可以順應客戶和同事的鼓勵，自己創辦一家廣告公司。我知道自己要什麼，也知道爲什麼要，不僅基於財務保障，也想掌握自己的命運和嘗試新東西的機會。我可以預見，如果能專攻知性醫療保健廣告，塡補現有產業在這方面的缺乏，我會得到更大賞報。

促成我做出決定的是我和內人潘的談話。畢竟，這個風險不是我一個人的事。我們的女兒當時只有三歲，兩個雙胞胎兒子才剛出生，還有，我們的新居才剛落成，那是我們結婚以來的第三棟房子。我們盡可能選用能力負擔得起的建材，但是，就像大多數人自建住宅，最後的花費總是超出預算甚多。畢竟我們好不容易熬出頭，再也不必爲外帶生菜沙拉夠不夠錢添加橄欖而發愁。我要這麼做，一定得潘同意才行。我們在廚房的餐桌前坐下，盡量條理分明地討論。我們列出所有可能性，試著思考它們的潛在缺點。

潘的結論很精彩，「如果事情不成，最壞的情況會是什麼呢？憑你在業界的聲譽，你隨時都可以在其他廣告公司找到工作。」我們又繼續談了一些，最後幾乎同時，我們看著對方說，「放手一試吧。」我們都覺得這麼做是正確的，那**應該**就錯不了。打從我開始考慮創業以來，這是最舒坦的一刻。那是徹底自由的感覺。我的內心一片寧靜，而且就此不再回頭看。我在看事情上面，其實和那位在電子公司上班的朋友不一樣，他只想負面的部分。我們都站在起跑線上，可是只有一人喊出「衝啊」(let's do it)。

我和一位共事過的創意總監組成創業團隊，Harrison & Star 就這樣開張了。我們租下一間兩千平方呎的辦公間，兩位員工（就是我們兩人），一部電話，一台傳眞機，還有，根本沒有穩定收入。夠嗆吧？其實不然。當時我完全沉溺在一切水到渠成的想法中。我看到自己置身那幅成功的圖像中。我的經驗讓我有信心，承受得住各種變化或潛在客戶說「不」的失望。我眞的認爲這次行動的準備比先前任何一次都還要充分。

儘管如此，我們的信心仍遭到百分百的考驗。在頭幾個月，打給潛在客戶的電話根本沒有回應。疲憊的接線生會問，「你們是幹什麼的？」「再說一次你們的公司名稱？這樣喔，你們有哪些客戶？」我和一位接線生後來變成好朋友，我們總是拿她的老闆從未回過我打去的二十五通電話一事開玩笑。

我們竭盡所能撙節開支。爲了要讓成本降低，我努力收集迴紋針。你算過所收到的信中有多少這種小東西嗎？我保證，很多很多。即使今天我已經在曼哈頓區一棟大廈中有間大辦公室，我仍保留收藏迴紋針的習慣。我爲 Harrison & Star 買了一個盒子，那也是我有生以來第一次、也是唯一一次買盒子的經驗。

我們的小公司逐漸有起色。合夥人和我是很獨特的團隊，科學與行動的共生。我負責拉業務，也確實很懂醫藥科學，以及如何向醫師推銷。同樣很重要的是，我知道客戶的需求；畢竟我是從輝瑞出來的。科學和服務讓 Harrison & Star 與競爭者有了區隔。我們獨特的組合贏得許多案子，一飛沖天，一本產業刊物更將我們列爲年度醫療保健類廣告公司，以及該產業有史以來成長最快的企業。這眞的是從馬里蘭州小鎭出來的小鬼想都想不到的。

本書介紹的每個人都有風險盲。他們和我那位爲自行創業苦惱不堪的朋友的差異，並非他們沒**看到**潛在威脅，而是他們沒有這方面的**經驗**。他們瞭解不利因素，但是要不是認了，就是拋諸腦後。他們對靠自己的能力掌控自己未來的信心，遠大於仰賴他人主宰自己的未來。

熱愛求新求變

當老伯格公然挑戰共同基金產業，將委託經紀人的做法變成直接向大眾發行時，什麼因素讓他怡然自得？澤爾爲什麼敢買下大家都說貴，說他當冤大頭的房地產？我相信這種樂於冒險的態度，某種程度是天生的。

我認識一位女性，她是一等一聰明，能力超強，一個極出色的業務人員。她接掌一個業務，讓它成長五倍。她有一批固定的客戶群；客戶喜歡她也尊敬她。她絕非羞怯的人；她因爲緊迫盯人，不容一絲怠惰，贏得「穿高跟鞋的希特勒」的綽號。她常說，「我原本可以爲自己做這些。」我也相信只要有人保證她每月都有薪水可拿，她也眞的會去做。她是我所說的「準創業家」(entreprenear 或 near-entrepreneur)。不過，她總是爲那些能力差她一大截的老闆工作。我勸她自立門戶，但是一些內在特質讓她每次都退縮不前。多可惜啊。她原本可以成為百萬富翁啊。

對冒險甘之如飴是創業成功的重要素質，而且那要不是與生俱來，就是根本不存在我們獨特的DNA組合中。這套信念絕非只有我認同。創辦醫療用品公司Pharmed的德賽斯佩德斯（Carlos de Cespedes）就曾說過，「我相信那是天生的。你可以從一提升到四，但是要一下子由一跳到十，其實不太可能。」

這種自信和敢冒險眞的源自天生的嗎？它有科學性證據嗎？沒錯，一個關於雙胞胎的研究發現，冒險性格上的差異，大約百分之六十與基因有關，而這個數字甚至比其他人格特質（通常在三成至五成間）來得更高。

勇於冒險的創業家當中，最極端的例子可能是那些創辦多家企業的人。我認為創業家有兩類：有些人生來就是，有些人則是後天促成。那些天生的創業家不冒險就渾身不自在，至於後天促成型則是樂於冒險。有些新創型創業家喜歡不斷創辦新事業，一旦過了新創階段，就著手下一家新公司。他們熱中下一樁新事務，下一個挑戰。他們永遠向前看。

密西根大學教授湯姆．金尼爾（Tom Kinnear）認同這個說法，「我見過的創業家中，有些人持續面臨的問題是，他們習慣性地試圖做出最佳表現。這就好像那些發現胰島素的人，發現時年方二十七、二十八，接著餘生都在尋找具有同等分量的醫學突破。他們屢敗屢戰，而且為之困擾不已。」

金尼爾記得，發現小兒痲痺疫苗的沙克（Jonas Salk）當時是密西根大學的研究科學家，因此他有機會與沙克當面交談。「在發現小兒痲痺疫苗後，他終其一生都在尋找另一種抗體，就好像現在的防毒軟體，但是從未成功。創業家就是這個模樣；他們在戰鬥中成長與成功。我日前與一位創業家朋友午餐。我可以感覺出他正在苦思下一個重大點子，也就是他的下一步。不為別的，只因為他前面的經驗太成功了，他已經開始厭倦現有的大遊艇和高爾夫俱樂部。」

這種出自本能而老是渴望冒險的人，可能是因為一種與尋求新奇有關的特殊基因，使得他們期盼不斷有很刺激的經驗。DRD4基因的某些變異就與這種特質有關，不僅使人表現喜好新奇的性格，也與注意力不足過動症（ADHD）有關。注意力不足過動症患者中，大約一半有一個DRD4變異基因。過動症有許多種形式。有些案例比較單純，只是集中注意力有困難罷了。一些極端的案例中，過動症的兒童會破壞教室秩序，無法控制自己的衝動，並且動個不停。這些都和我認識的一些創業家很像。

根據加州大學爾文分校醫學院（University of California-Irvine School of Medicine）的基因學家羅伯特・莫西斯（Robert Moyzis）博士的研究，DRD4基因可能給早期人類帶來重大的演化優勢。他推測原始獵人中，有喜好新奇、攻擊性和鍥而不捨等過動症特質者，較能成功地生存下來，並提供家庭充裕的食物。「適者生存」意味著這些基因可能從此遺傳給他們的子女。這可能協助人類存活，增進我們尋找新的、更好的做事方法的能力，如發明輪子，開發最新的生物科技藥品，或進行連續性任務。對需要處理新事務或同時處理不同事務的創業家而言，這當然是一種優勢。

熊彼得（Schumpeter）曾說，創業精神造成經濟發展。DRD4基因的變種對創業家的作用，可能就像創業家對經濟發展的作用：刺激我們改變、成長、保持進步。這些基因可能如同增強人類生存能力般，協助創業家迎接新挑戰，促進事業發展。如此看來，注意力不足可能沒有想像中那麼糟。我對治療「失調」的藥物有些憂慮，原因是它們可能一不小心就導致下一代創業家變得一個樣子。不再有新的創業家，不再有新的偉大點子。如果我們要求孩童維持在某些醫師所說的「正常」行爲，很可能搞得孩童的思考變得制式化，那是多麼可怕啊。

如果就這個問題向吉本斯請益，會是一件很有趣的事情。他目前正與兒子們創辦一家咖啡公司。他回憶說，「我的青少年時期眞的一無是處，沒有搞到坐牢已經是萬幸了。」安・羅迪斯（Ann Rhoades）創立人力資源顧問公司PeopleInk，也是捷藍航空（JetBlue）的創辦董事。她還記得在小學二年級時，學校修女打電話給母親，討論「爲何這個小孩老是爭辯『如果你不喜歡你的配偶，爲何不能離婚』，以及『星期天有時不想望彌撒，爲什麼就要下地獄』」。許多喜劇演員也記得自己在班上搗蛋的事情，理查・布蘭森的一位老師當年就斷言，這個孩子將來不是坐牢就是成爲百萬富翁（這位老師唯一的錯誤是，「億萬」而非「百萬」）。

我不是說這些人都有過動症。只是太多例子讓我不禁懷疑，創業家的骨子裡有DRD4基因。我對自己也有相同的疑問。早在還看不懂這類研究前，我就注意到自己也有輕微的過動症徵兆。這也是我在學校如此拚命用功的原因之一。我認爲勤奮不懈這種特質也導致我長大後，依然喜歡探索新事物，體驗新領域。我常說，冒險是我的DNA的一部分。如今我認爲這絕非只是一句空話。

如第二章提到，DRD4基因也與造成酗酒等成癮行爲有關。這些關聯性加上一系列創業家的故事，似乎證實了我的信念：有些創業家因爲基因優勢，對成功上癮。

至於，同樣是喜歡冒險的人，爲何有些人成爲賭徒，有些人卻是成功的創業家，基因科學也許能提供一些線索。比起沒有毒癮的人，吸食海洛因成癮者身上，較常出現某些DRD4基因變異。然而，它們也經常出現在心理健康但喜好新體驗的人身上。雖然DRD4基因引起科學界廣泛注意，它卻只是學者認爲影響人們喜好新奇的十種基因之一。有些人因爲這十種基因統統出現，很可能成爲吸毒者。有些人則只是以社會較能容許的方式，享受新體驗與冒險的樂趣。

有些研究人員相信，這兩者之間可能只是程度上的差別罷了。擁有一兩個這類基因，可能讓你做起事來更有效率。如果擁有全部，則可能引發問題。這種說法讓人想到麻州的伯葛

(Bulger)兄弟的故事。他們當中，一個當上麻州參議院議長，一位則淪為聯邦調查局頭號通緝要犯。有沒有可能這兩人遺傳了不同數量的基因，影響他們在冒險方面的表現呢？有位研究人員就說，「這類基因的數量中等，會導致人格異常，如果稍微減少，很可能出現怪癖，如果數量更少，就讓你成為標準美國人。」

最後，我認為很多成功創業家出身移民家庭絕非巧合。要從原本的環境連根拔起，來到一個連語言都不通的新國家生活，絕對需要很強的自信心。在我看來，澤爾在創業上面所表現的自信，正是他的父母在二次大戰爆發前夕毅然離開德國，後來又遠走日本所具有的。類似戰爭等事件，可能啟動了遺傳性的自信和創業本能，同樣地，事業點子可能啟動創業的渴望，或驅使創業家不斷追逐新的創業挑戰。

成功啟動子：「向前看」基因

有自信心和敢冒險其實互為因果。冒險需要有自己將會成功的自信，這類自信（即使是天生的），又是從冒險和成功經驗中發展出來。兩者不可缺一。成功創業家所表現出來的那種自信，對毫無自信的人而言，絕對難以理解。然而它們通常是本能的一部分。

如果你生來自信心不足又該怎麼辦呢？即使是有自信的人，一開始，也是藉由一些技巧協助他們在冒險時更有自信。「保持向前看」就是我所說的技巧之一。這意味著讓個人的目光經常留駐在實現中的圖像上面，並且留意協助你繪出下一個圖像的機會。

人們其實並非眞的害怕冒險。他們只是害怕冒險失敗罷了。如果他們知道自己將會成功，其實就沒有那麼可怕，對不對？那也是保持向前看能發揮作用之所在。當你在高空走鋼索，你絕不想往下看；你會專注於所要踏出的下一步。成功者爲什麼能夠持續追求愈來愈大的成就呢？驅使他們邁向未來，冒險再冒險的力量又是什麼呢？訣竅不過就是保持向前看罷了。這就是開啓個人天生程度不等的自信心的成功啓動子。

澤爾從小就充滿自信。當他還在念大學，就開始經營房地產，主持安娜堡當地最大規模的學生住宅業務。如今他成爲股本集團投資公司（Equity Group Investments LLC）的董事長，

「向前看」基因的標記

- 你認淸個人品牌，以及其中的價値。
- 你利用承諾讓自己保持向前看。
- 你不怕偶爾出錯。
- 你視冒險爲機會。
- 你認爲錯誤只是協助你下次做得更好的殷鑑。

旗下包含全國最大的辦公大樓經營業者，以及最大的不動產投資信託事業（REIT）。他說，「我從小就知道自己的思考很特別，一直到青少年階段都是如此。我知道自己的特質和興趣就是和一般孩子不一樣。我對無意義的事情毫無興趣。我約會的對象也比我年長。我的想法就是不一樣。有一次回家途中，我對火車上對座的年輕律師說，我願意聘他爲我工作。當時我才從法學院畢業兩年，而那個人又是我父親的臨時員工。我隨即不好意思地笑著說，『我認爲你可能比我還要長六個月。』這個人的回答是，『沒錯，山姆，但是你天生老成。』」

自信使然嗎？沒錯。可是保持向前看，讓你在遇到亂流時自然開始展現自信。澤爾說，「我很注意冒險的代價。我關心每樁投資案，每項決策，並且是從嘗試理解不利情況著手。在一九八〇年代末期，我成立一項不良房地產基金。我對外籌募了四億美元資金，自己也投下五千萬美元，開始購買半荒廢的大樓。將近一年之後，我回顧身後，發現自己是唯一一個業者。那是很孤獨的感覺。你四顧無人，嘆口氣說，『好吧，也許我錯了，在那個案子上，我眞的承受巨大的風險壓力。』」

這時的他怎麼辦呢？他的回答正是「向前看」成功啓動子作用下的典型反應：「我往床上一躺，一覺到天亮。我還是認爲自己是對的，大環境也將會好轉，因此我繼續經營……我做了一些很可怕、迄今都深感遺憾的交易。但是你不能對錯失良機感到遺憾，因爲機會四處都是。創業家的態度就是機會無窮，永遠相信自己可以重新創造機會。」

下面是幫助你向前看的一些做法：

建立對個人品牌的信心

恐懼未知其實是害怕變動來臨時缺乏生存能力。因此，**你最重要的一項本能是，知道自己所擁有的資源足以克服任何障礙**。一如前面提到，創業家莫不相信他們的點子很棒。事實上，他們眞正相信的是，無論這個點子成功與否，他們都能活下來，甚至飛黃騰達。那種對自己的瞭解和信心，甚至超過他們對一個點子的信仰，這導致他們持續向前邁進。

我能從研究人員轉換跑道，成爲創業家甚至企業管理人，其中一個原因是，我自知具有勤奮工作的能力。一如前面提到，我相信輕微的過動症是我一直搜尋新挑戰的部分原因（否則我也不會動筆寫這本書！）。然而，這也逼我認眞研究。我研讀一本書經常要讀上五、六遍，眞正理解其中的意思。我的教科書上寫滿密密痲痲的註解，並且反覆閱讀它們，每隔一段時間又會回頭複習。我很清楚人上有人，天外有天，可是我更清楚沒有人比我更努力。

弄清楚這一點，不僅對我的課業有幫助，也讓我在大學畢業後，順利進入當地A&P超市工作。我的老闆很嚴厲，我發誓他操我比任何員工還要多。我至今彷彿還聽得到擴音器傳來他的呼叫，「哈里遜（Harrison），清理三號走道上的番茄醬。」最後，我從理貨工人升爲收銀員，那時我最大的興趣是，成爲所有收銀員中服務顧客動作最快的一個。週五晚間是我們最忙碌的時刻，我常與其他收銀員競賽，看看誰經手最多顧客，業績最高。有個晚上，我因爲結帳速度太快，還造成收銀機當機。不是開玩笑：我可以聞到收銀機冒煙的味道。沒錯，我的老闆差點氣瘋掉，但是我贏了。

確信自己有拚命工作的能力，也是我在輝瑞藥廠時有自信通過損益表考驗的一個原因。這是我從有記憶以來，**個人品牌形象**（我看待自己的方式，也是我希望別人看待我的方式）的一部分。只要努力就能出頭的信念，其實已經是美國人共同具有的心理DNA。不過對我而言，勤奮工作的重要性不僅在於所帶來的成果，還包括所產生的自信心。**勤奮工作是一切的根本**。

當我領先其他一百五十家市場行銷公司，心中的快樂自是難以言喻，但是要動筆撰寫這本書，煎熬不下於開辦 Harrison & Star。某種程度上來說，這件工作的挑戰性不下於創辦公司。如果不是因爲我認爲這本書將傳達重要的訊息，我可能根本連嘗試都免了。你即使生來就充滿自信，總是會有自我懷疑的時候，使得你面對挑戰時躊躇不前。這時候，成功的關鍵就是知道自己的能力，知道自己能靠自身力量克服障礙。你必須確信你能靠自己走過來。而這又需要你很清楚個人的品牌形象。第十章「當個好人的挑戰」，會花更多篇幅討論個人品牌形象。在此，先謹記在心，你的個人品牌形象絕對是協助你迎戰風險的信心來源。

結夥而行

我所認識最成功的創業家，都不是單騎獨行。正好相反，他們大都擁有很堅實的人脈網絡，協助測試他們的想法。我的妻子潘就是我的點子最棒的試金石。前面說過，她在我考慮創辦自己的廣告公司時，提供寶貴的建議。她那一句「最壞的情況會是什麼呢？憑你在業界的聲譽，你隨時都可以在其他廣告公司找到工作」，強化了我的感受。

我提到顧問群，並非要依賴共識做出決定。那只會讓你的決策變得一元化。誠如澤爾所言，「如果你必須投票表決，你已經輸了。」不過，做些意見調查來檢測你的直覺，對建立自信是有幫助的。請益對象應該包含那些你信任他們的判斷的人（好比成功人士）。如果你焦慮到無法思考，聽聽神經比較粗的人的看法，可能有助於你找出一些原本忽略的積極想法。

當你找來一群顧問，還要注意他們是否瞭解你，能否坦白公開討論你的優缺點。這些人要能具體指出特定情況下，你天生的優缺點會產生何種作用。你最不需要的是，那些只想安慰你、讓你好過的人。他們給你虛假的信心，一旦你應付不了所面臨的挑戰，那樣的信心就會立即消失無形。

利用承諾建立自信

很多時候，你就是必須對自己做出承諾。好比進退兩難之際，絕對需要承諾。做出承諾確實會令自己更有自信。它強迫你去除雜念，專注，不畏一切穩步前進。它也免除神經質地鬼扯。那就好像《阿波羅十三號》（*Apollo 13*）中的對白所說，「各位，失敗不是我們的選項。」

當艾爾・努哈斯（Al Neuharth）提議創辦一份簡潔、易讀、搭配彩色圖表的全國性報紙時，他很清楚這是一個非贏即輸的想法。他把自己的生涯孤注一擲在甘納特公司（Gannett Co., Inc.）上頭，證明《今日美國報》（*USA Today*）是個成功的想法。

「從投資的規模和成功的可能性來看，這是［我有生以來］最大的冒險。在一九八〇年代，其實已經沒有多少新報紙出現。這麼做的結果，不是把我捧成英雄，就是打回上班族。不過我仔細想過這一點，承諾董事會如果這樁投資失敗，我會在第一時間遞出辭呈。我必須認清當冒險的規模到了這種程度，就必須負起全部責任，而且清楚自己不是成爲英雄就是混蛋。如果事成，絕對有很多人來爭功。如果事情不成，責任非你莫屬。」

有些人背水一戰時表現最好。你也是，做出承諾，不能太小的承諾，時時接受它的鞭策。

給自己冒險的空間

當小伯格試圖說服伙伴一起創立伯格基金（Bogle Funds）時，他在他們身上起的臨門一腳效果，就像潘對我開辦廣告公司一般。

「我的三個原始創辦人都來自大公司，藍籌股中的藍籌股（績優股），你可以在裡面舒舒服服地安享餘年。我卻希望他們對參加這個風險奇大的新創事業感覺很自在。我告訴他們：『合作底線是，你能自在地參加這個投資。首先，大夥一起打拚，我認爲我們可以讓它成功。你看看其他三人吧；你會懷疑他們的能力無法勝任嗎？甚至，如果我們沒有成功，如果搞砸了，你們還是有卓越非凡的生涯歷練。現在，嘗試創辦風險性事業，只是讓你在履歷上增加更精彩的經歷罷了。』我告訴他們，即使經濟轉差，市場變壞，他們仍是市場中搶手的人才，根本不必擔心失敗。當然，失敗可能讓人有些困窘。可是就算是失敗，他們也沒有什麼可擔心的，因爲他們要另謀高就可是輕易而舉。我猜我說服了他們，就像我告訴自己一樣，這個事業根本沒有不利之處。」

伯格運用的不僅是他自己的信心，還加上天生的邏輯、分析能力，讓人看到風險其實根本不是風險，並且推銷給預定的合夥人某種程度的安全感。

要開啓風險盲的一個做法是，事先準備好碰到災難的應變計畫。即使最惡劣的情況發生，你仍有因應之道，反而讓你更有自信。這會讓你停止擔心。你只需要將它鎖藏在「B計畫」裡頭，腦子裡記得「**除非遇到緊急情況，否則別去碰它**」。這會讓你的心思活絡起來。與其內心有個恐懼的陰影揮之不去，消耗你的精力，你大可集中心力成功推動「A計畫」。請記住，自信來自你相信，不管出了什麼狀況，你都可以安然度過。在這種情況下，你只是畫出不同的路徑圖，以便順利脫困。

這麼說似乎與前面所談的自我承諾正好相反。不然。它只是另一種腳踏實地經歷風險的做法。如果努哈斯當初沒有信心，不相信自己能夠活下來，即使以《今日美國報》失敗，他就必須辭職作為退路，他根本就不可能做出創辦這個事業的承諾。「B計畫」是著陸的軟墊，「A計畫」則是火箭之旅。你需要這兩者好讓你冒險時遊刃有餘。

犯錯很正常

偉大的領袖不一定永遠是對的，他們也不免會被證明是錯的。他們只是不把犯錯變成負擔罷了。他們從中學習。如果你害怕犯錯，你就不可能嘗試任何新穎、不同或創業性質的事；你不可能成為領導者。終你一生只能當個追隨者。多無聊啊！

讓冒險降低競爭

對於和兄弟湯姆共同創辦 Motley Fool 投資理財網站的大衛‧嘉納而言，**風險能增加個人成功的機會**。怎麼可能？因爲它能降低你面對競爭的激烈程度。

他指出，「如果你是被一群根本無意冒險的旅鼠圍繞，那會降低競爭的激烈程度，讓有意冒險的人勝出，獲益也可能更豐厚。就因爲冒險和追求成功的賞報是那麼顯著，不管你是創辦公司或做任何成人能勝任的事務，總是有冒險的誘因，甚至使人甘冒風險讓大眾受益。」

嘉納是個狂熱的電玩玩家，他認爲「卡坦島」(Settlers of Catan) 等遊戲中的策略性競爭，激發他冒險的興趣。「在這些遊戲中，你要贏就必須冒險。這是現實生活的縮影。你可以大膽與別人鬥智，就算失敗也無太大傷害。我認爲許多大人不碰電玩，因爲他們認爲那是小孩子的玩意兒，可是我認爲這有助於我對創辦企業，甚至在經營事業、聘雇人員協助經營等整個過程中感到自在。即使所在產業的前景不明，我仍願意冒險一試。」

當我看過兩個雙胞胎兒子玩線上遊戲後，我很好奇線上世界是否會培養孩子，看待冒險只是達成目標的過程罷了。玩電動讓他們自認爲是中性的冒險家，可能也開啓下一代的創業家思考。因爲他們正在學習贏的策略。

承受變動的自信意味著，你淸楚自己的能力適合你爲自己生涯所繪製的每一幅新圖像。

在我的個案中，那就是我在科學和醫學方面的知識。即使我從未當過業務人員，我知道我的背景和人格特質能讓我勝任我爲自己所描繪的業務員模樣。

我運氣很好，生來就充滿自信，因此可以再談一件我很有信心的事。即使你認爲自己沒有擊出全壘打的基因，不妨試試我前面建議的那些策略。我敢打賭，那至少有助於增進你上場揮棒的能力，甚至出人頭地。

5

四下察看的挑戰

發揮直覺，把握機會

・你培養廣大的直覺力網絡，
以便協助察覺種種機會。
・你不僅看出機會，並且採取行動。
・你把傳統智慧視為基礎，而不是既定框框。
・你運用先二步思考，看出趨勢的未來發展。
・你在數據資料、事件、對話
及平日生活中尋找種種模式。
・你尋找被忽略的簡單想法。
・你活在機會所在的世界。
・你瀏覽大量資訊以察覺趨勢。
・你用心注意任何潛在機會，
以察覺原本可能錯過的事物。
・你認為機會稍縱即逝。
・你花時間讓大腦持續充電。

有一年的聖誕假期，當我從西維吉尼亞大學（West Virginia University）研究所返家時，順道走進馬里蘭州黑格斯鎮（Hagerstown）一家花店。我想送一打玫瑰給當時心儀的女孩。在隨花附上的卡片上，我塡的寄件人地址是西維吉尼亞州摩根鎮（Morgantown）的校址。女店員問我是該校學生嗎？我說，是。她則告訴我她也要上這所大學的大學部。她自我介紹，並解釋她正利用假期在父親的花店工作。

打從那一刻起，我就喜歡上這個叫做潘的女孩。當我離開那家店時，我心裡想，「她眞的好漂亮。我明天還要再來。」我確實那麼做，她也再次爲我服務（爲了讓那次造訪顯得自然，我花掉僅剩的錢爲母親買了一支蠟燭）。我在財務上破產，但感情大有斬獲；那支蠟燭後來成爲我所做過最有價值的一項投資。我與潘聊得愈多，愈想認識她。聖誕假期結束後，她住進學校宿舍，也接到我的電話。我們開始約會。我們結婚至今已有三十多年。

創業思考有很多重要層面，其中一個就是有能力辨認出機會，而且，不僅能辨認，還要能利用、投資，把機會轉成一個正面的事實。遇到潘是我一生中最好的機會之一。慶幸的是，我不僅看到它，還爲它採取行動。事實上，那可能是我第一次眞正進行推銷工作。接下來連續幾年的復活節、聖誕節及其他節日，潘和我都會回她父親的花店幫忙，也爲我們賺點外快，好買得起披薩和**添加**橄欖的生菜沙拉。潘的父親和我都注意到，我具有一種在大眾面前收放自如的推銷風格。

當然，如果當初沒有看出服務醫療保健客戶的廣告公司的發展潛力，我絕不會有今天的成就。正如我所說的，我的生涯道路看似充滿驚奇，可是我能從實驗室轉戰企業高層，一個主要原因在於，我能在機會出現時察覺到它，即便那個機會並不明顯。

作爲創業者，直覺能力十分重要。爲什麼？因爲你的大腦可以接收、處理，理智層面都還不瞭解的資訊。那讓你能見人所未見，協助你分辨出最重要的資訊，使你更快做出決定。它們或許不見得都是正確的決定，至少會帶你朝某一特定方向前進，通常是向前走。

人們往往認爲直覺先於資訊，我的看法正好相反。我相信，當我掌握到一個市場的數據、資訊及經驗，彼此又相互呼應，以致內心浮出「這是對的」時，直覺就出現了。那就像能在浩瀚星空中辨認出某個星座。不僅那些星星要在正確的位置構成某一圖案，你還必須能從所有可能的星星排列組合中看出那個圖案。就在一瞬間，那特定的星星排列形式擄獲你的目光。直覺只是一種以資訊構成樣式（pattern）的機制——結合幾個系列的數據資料點，再把相關資訊與機會結合。我可能一次看到二、三或四個機會，但是，一般而言，這些機會中只有一個會產生與所有事情相關聯，能夠發揮整體作用的感覺，並且讓我有把握它就是正確的選擇。這就是當你評估現有資料，做出決定後，也能安心睡覺的能力。

你能不能根據資訊做直覺判斷，攸關你能不能像創業家般思考，這當中還有一個較個人層次的理由。瞭解你這個人、你天生的性格優點，以及你爲人生願景的下一步所描繪的圖像，通常能讓你做出更適當的直覺決定。這部分將在第九章「關鍵點的挑戰」中深入探討。這裡先聚焦於天生特質如何協助我們達成任務，以及如何充分發揮既有的直覺能力。

點菜單上沒有的菜

汽車是我的最愛之一，我也總是留意最新的創意。一些高檔車最近開始採用一項時髦的功能設計，也就是能讓駕駛人「四下察看」（see around corners）的旋轉頭燈。當我最初聽到這個創意時，首先聯想到的就是天生的創業家，他們懂得如何綜合不同來源的資訊，理解它所代表的意義，甚至參透幾年後會造成的影響。正如山姆．澤爾所言，**「創業家不僅四下察看，而且相信自己所看到的。」**

「四下察看」，並根據你所看到的採取行動，涉及到許多先前討論過的特質，像是相信自己、自己的想法、自己的分析能力，以及即使被拒絕也能欣然接受。但要察覺種種機會，還需要一種直覺能力，才能瞭解事情最可能的發展。它就像冰上曲棍球傳奇人物格雷茲基（Wayne Gretzky）所說的，他會往冰球將到的地方移動，而不是急急趕到它現在的位置。對企業、對個人，這個道理同樣適用。企業絕對需要這種能力！畢竟要改變一輛企業坦克的前進方向，絕對比修正一艘創業家帆船困難。我相信，當初敦促ＩＢＭ推出「隨需運算」（computing on demand）的人，一定是創業思考高手。這個點子讓各種企業能把資訊工作外包出去，也把一家傳統的硬體製造商轉型爲服務業公司。那位創業思考者推動這項點子，不僅能讓轉變對公司目前有利，還提供可長可久，無需轉型的定位。他對市場的未來走向了然於心。

按理說，在組織中一步步往上爬的前美國航空公司執行長克蘭道爾，應該與創業家搭不上邊。不過，他很顯然鼓勵公司成員創業思考。在他的任期內，美國航空第一個推出飛行常客優惠辦法（AAdvantage）、大折扣機票、產業中第一套利潤管理系統，以及轉型成爲知名的國際航空公司。對他而言，辨認出機會，接著瞭解與機會相關的種種事務，其實是兩碼子事，他說：

「你可以把企業管理分成兩部分：概念和執行。你必須自問，『公司要在五年、十年、二十五年後變成什麼樣子？我該如何讓公司不斷成長，朝十年或十五年後所要達到的目標前進？』在不做分析的情況下，直覺只是愚蠢的另一種說法；但是結合好的數據資料做出好的直覺判斷，則是成功的祕訣。終究，任何決定都是根據你對資訊的解讀。以接掌寶鹼（Procter & Gamble）執行長的雷夫利（A. G. Lafley）爲例，可以肯定的是，他在領導公司回歸本業上的表現優異，主要和他迥然不同於前任者根據分析行事的風格，而更依賴直覺決策有關。雷夫利的直覺是，寶鹼將以它傳統的賺錢方式繼續獲利：以漸進的產品變革迎合持續轉變中的消費者，以及適度改變中的消費者需求清單。這截然有別於前任者認爲公司必須銳意創新的做法。兩人接觸的是同一批分析師，同一套資料，但做出極爲不同的結論。」

創業思考者爲何能看到別人看不到的機會？答案與兩件事情有關：他能做個迷思管理者(MythManager)，以及養成「先二步」(two-steps-ahead)的思考習慣。

當個迷思管理者

我小學一年級時，總是把導師搞得火冒三丈。當我們玩積木時，她希望每個人都用相同的組合方式。當我們閱讀時，她要每個人全神貫注。不過，我始終令她失望，因爲我經常分心想別的事情。她總是拉扯我的左耳，試圖讓我守規矩；有一次，持續拉扯不僅使得我的耳垂流血，還眞的從頭部側面裂開！可是我只不過想做跟別人不一樣的事情啊。

如果你要像創業家般思考，就不能受制於既有的諸多迷思。如果比爾・蓋茲(Bill Gates)曾經輕信一般看法，認爲除了愛好者和蠢蛋以外，不會有人想擁有一台自己的電腦，想想看，今天的世界會是什麼樣子。愈是有雄心壯志，愈可能公然違抗傳統智慧。創業者擅長於對別人不在意的事情問：「要是……結果會如何？」在IBM認淸個人電腦和網際網路影響力上面，約翰・派屈克(John Patrick)扮演著關鍵角色，如今他是自己創辦的顧問公司 Attitude

LLC的總裁。他相信，要判斷一項新的網際網路科技是否會成功，可以根據人們對它的價值的懷疑程度而定：懷疑程度愈高，潛在的影響力愈大。他引用部落格（網路個人日誌）爲例。思考部落格如果從企業員工自己玩，變成公司實際進行傳播和知識分享的管道，結果會如何？如果客戶部落格比企業公關更能影響消費者意見，結果會如何？如果部落格提供公司一種更符合成本效益的客戶或消費者傳播方式，結果又將如何？要是……結果會如何，就是創新的開端。

傳統智慧有點像小學生手中的那些積木。你自認爲有更好的排組方式，並不意味著可以完全拋棄那些積木。你必須尊重傳統智慧，從中學習，並以它爲基礎，繼續前進。如果你把自己或公司放在某一幅畫中，而「常理」暗示你現有條件做不到，好比說，假設你是細胞生物學家，卻遇到只有商學院畢業生才能成爲執行長的迷思時，你要能看出必須具備哪些基礎條件，如何著手組構它們，以符合你所構想的圖畫。你需要很理性才會知道，如何利用既有的一切條件，繼而開始塡補現實與構想的圖畫之間的落差。有時候，你起頭的步伐雖不起眼，它們漸進累積的影響卻會驅使你走上想走的方向。一系列微小但用心規劃的步驟將帶領你達成目標。

以當前的健康趨勢爲例，人們想吃得更健康。有些企業淸楚這一點，也想利用這個趨勢賺錢。百事可樂（PepsiCo）和可口可樂（Coca-Coca）行銷瓶裝水，同時也推出保持原始口味但低熱量的可樂。溫蒂漢堡（Wendy's）等速食連鎖店的回應方式則是，提供消費者以生菜沙拉取代薯條的副餐選擇。在這兩個案例中，概念完美無瑕，行銷手法高明，時機再好不過。這些公司清楚自己的處境，也知道面對注重健康的目標消費者，需要朝哪方面著力才能擴展市場佔有率。它們清楚看到必須採取哪些步驟，以彌補所提供的產品與消費趨勢之間重大且不斷擴大的落差。

眞正革命性的想法很稀有，但是你可以透過做一個迷思管理人，打造成功的事業生涯或企業。很多成功的企業家都曾經適度質疑既有迷思，創造出新穎而更成功的做事方法。他們以自己的方式組合積木，他們的做法並非對迷思置之不理，而是有效管理迷思。

先二步思考

但是問「要是……結果會如何？」（What if?）的作用還是有限。創業思考者還擅長我所說的「先二步」思考。他們不光自問「要是……會如何？」，還問「然後怎麼做？」（what then?）。我從青少年時期就開始先二步思考。有位保險業務員每年到家裡拜訪我的父母。我在十六歲時就向他買了一份壽險，指定我的母親爲受益人。我那時非常保護母親，希望她在我萬一出事時，有多一點錢以備不時之需。雖然我的母親過世已經二十年，那份保險至今仍在續保，每年大約要付三百美元保費。那其實是「未雨綢繆」的心理。

機會不會總是不請自來，然後拍拍你的臉說：「嗨，我在這裡！」你通常必須創造機會，做法是想想人們在五年、十年或十五年後會有什麼需求（問「要是……結果會如何？」），並且運用創意思考（問「然後怎麼做？」）。柯普羅維茲的例子正是如此。她相信：透過有線電視網路播送原始節目的想法可行，而這促使她投身其中成爲創業者。「我以前並沒有強烈的創業動機，直到研究所畢業後，又工作了一些時間才瞭解，我眞的喜歡從商，並且對從商的創意層面很感興趣。」那時候，有線電視節目還是一個很新穎的點子。「我們開始做的時候，人們的反應就像在說，『如果你認爲我們會付錢看電視，你大概瘋了。』人們認爲那太滑稽了。『看電視還要繳費，我才不要。』如今，情況全然改觀，市場心態截然不同。現在，他們必須付錢看他們想看的電視頻道，並且是每個電視頻道都要收費。」

直覺可能點燃創意火花，但是，她是經過縝密透徹的分析，才提出改進後的想法：

「那並非一夕之間孕育而成的想法。我在九年前就寫過一篇傳播方面的碩士論文，專門探討衛星網路。要實踐我的想法，我開始致力於充實所需要的條件，這個產業在當時也確實聞所未聞。我眞的喜歡我的點子。我不斷改進它，並且進入與我想做的事情攸關重大的企業工作。我從事衛星傳播方面的工作；我當過電視製作人；我進入有線電視產業，因爲我認爲那將是最需要內容產品的產業。我有點像看著遙遠的未來自言自語，

『如果我想做這件事，誰會要一個來自密爾瓦基市（Milwaukee），沒有任何相關背景的無名小卒？』我看看自己，然後說，『我得要弄懂這些差異很大的企業，因爲它們是推出這種產品務必要瞭解的。』隨著接下來跨出的每一步，我確實愈來愈相信，這件事做對了。」

柯普羅維茲自問「要是」有線電視系統繼續只當作一種傳送機制；她的「然後怎麼做」的答案就是，創造出能帶來額外營收的節目。

先二步思考也適用於個人生涯發展。成功的事業生涯牽涉到，爲你自己創造一系列先後有序的願景，一個能配合你天生的長處與缺點的願景，看到自己在所畫的圖畫中的情景，以及採取使該幅畫成眞所需要的任何步驟。你爲自己逐步展開的生涯所構想的每一幅畫，構成一份個人行銷計畫。你看到自己置身特定行業的情況，然後決定需要採取哪些步驟才能達成願景。它有點像一場個人棋賽。你知道比賽規則，知道怎麼做才會贏；你只需要想辦法把棋子走到你需要到的位置。

基因、直覺力及機會

如果你是女性，可能會因部屬穿著極端不搭配的顏色，對他怒目相視。別太責怪他；問題可能出在基因。我們對顏色的看法部分取決於眼球後面微小的圓錐體。而決定這些讓我們分辨紅綠的圓錐體如何發展的基因，存在於X（男性）染色體，而且有時會有瑕疵。這就是爲什麼有較多男性比女性穿著暗黃綠色毛衣搭配大紅色長褲。他們看到的顏色其實與別人不一樣。

天生創業家的基因也使得他們看事情異於常人。他們看到的比別人更多。然而，基因對這項能力的影響很難精確評定。畢竟，看到機會是一回事。要抓住它，可能還要仰賴許多外部因素，像財務資源，以及是否具備前面討論的某些特質。但是，經營管理和科學方面的研究都曾提出有趣的證據，顯示基因確實扮演某種角色。

雙胞胎研究就基因對個人能力以及追求新機會的渴望，所可能產生的影響，提供了一些線索。有一項研究比較同卵雙胞胎和異卵雙胞胎看待工作價值的共同點。它評量了工作價值的六個層面：成就感（Achievement）、生活舒適（Comfort）、社會地位（Status）、利他性（Altruism）、安全感（Safety）及自主性（Autonomy）等需求。基因與態度的關聯性最高的是成就感：個別差異中有百分之五十六似乎與基因有關。緊接著是社會地位（百分之四十三）、安全感（百分之四十一）、自主性（百分之三十四）。這四個層面明顯可能影響一個人是否具有創業性格。

直覺力也是重要關鍵。幾乎本書中所有受訪者都指出，直覺力在他們做決定的過程中扮演重要角色。要察覺出所有變數是否搭配，主要依你如何處理資訊而定。直覺力與一個人接收、處理及解讀資訊的方式有關。同卵雙胞胎經常提到，他們之間有種直覺上的特殊默契；那是有可能的，直覺至少與雙胞胎之間密切的遺傳連結有關。

科學界似乎尚未正式針對直覺的遺傳性進行研究。箇中問題在於，直覺並沒有被列入五大性格特質中。不過，五大特質中有四項，與企業評估員工性格的麥爾斯—布雷格性格測驗（Myers-Briggs Type Indicator）指標高度重疊。如果聽到某人說「我是一個INTJ」（或這四個字母的其他組合），指的就是十六種麥爾斯—布雷格性格類型之一。在麥爾斯—布雷格測驗中，直覺力**確實**有被評量，它所稱的「直覺—感知」（Intuition-Sensing），其實與五大特質中的開放學習性極爲類似。

一項針對一百對雙胞胎所做的研究發現，人們在直覺—感知程度的差異，大約百分之四十源自遺傳。這個數字與根據估計有百分之四十五至六十一的開放性格來自遺傳大致相當（就基因的影響力而言，開放性僅次於外向性），並且，正如我們先前幾章的討論，適度的開放學習性有助於個人免於被傳統智慧蒙蔽。

有一個對遺傳影響的研究因爲樣本數有限而受到質疑。不過，研究人員相信它確實顯示出，直覺與遺傳有關，差別只在程度大小。女性有兩個X染色體，男性只有一個。在遺傳自父親的那個額外染色體中，有一個基因似乎關係到根據臉部表情和肢體語言等非語言線索，憑直覺理解人際互動的能力。研究人員表示，這可能是所謂的女性直覺與遺傳有關的線索之一。正如大多數行爲的遺傳性研究中，研究人員會說一個基因並不能說明一切，但是，它也暗示，直覺能力可能可以追溯至細胞層次。

我在 Harrison & Star 被購併前接任執行長，當時我在雇用創意主管和業務專員上面，傾

「四下察看」基因的標記

- 你培養廣大的直覺力網絡，以便協助察覺種種機會。
- 你不僅看出機會，並且採取行動。
- 你把傳統智慧視爲基礎，而不是既定框框。
- 你運用先二步思考，看出趨勢的未來發展。
- 你在數據資料、事件、對話及平日生活中尋找種種模式。
- 你尋找被忽略的簡單想法。
- 你活在機會所在的世界。
- 你瀏覽大量資訊以察覺趨勢。
- 你用心注意任何潛在機會，以察覺原本可能錯過的事物。
- 你認爲機會稍縱即逝。
- 你花時間讓大腦持續充電。

向女性而較少用男性。我覺得女性更善於聆聽客戶，服務心態強過男性同儕，與客戶互動通常也較好。我的個人經驗也許沒有代表性，不過在公司績效表現中，我確實看到直覺導致男女表現上的差異。

當然，把直覺當成是一項女性特質的概念必須稍作保留。有項認知模式測驗（Cognitive Style Index）研究，評量直覺思考，結果發現男性與女性主管在直覺表現上差異並不大。至於，非主管的女性則比非主管的男性同儕和女性主管更具有分析性，而較少直覺。

態度與焦點：你的基因中有嗎？

基因還可能以另一種間接方式，協助天生的創業者察覺機會。那涉及到保持向前看，對未來的樂觀心態。我認爲有幸擁有快樂人生觀，會比較容易聚焦於未來種種可能性。如果精力被用在懊悔事情無法重來，人也比較不容易發現未來的可能性。對未來抱持較正面的看法，相對會有較開放的心思，更容易察覺到潛在的機運。如果跑壘者老想著上次比賽封殺他們出局的對手，要找到盜回本壘的機會，可能性就不大。

研究人員曾針對兩千對雙胞胎的快樂程度進行研究，結果發現雙胞胎的快樂程度，以另一位雙胞胎的快樂程度做預測，要比參考當事人的智商高低或社會地位、財力、婚姻狀況更準確。一起長大的同卵雙胞胎，即使處於極不相同的環境，表現出來的快樂程度幾乎一樣。

這指出遺傳因素的強大影響力。此外，每個人的好心情通常都有一個較穩定的設定點。災難或好運等各種境遇，可能暫時提高或降低一個人的快樂程度。不過，通常在六個月後，又會回到個人的快樂設定點（最近一些研究則顯示，對喪夫或失業等重大變故的強烈反應，可能導致該設定點稍微下降）。上述雙胞胎研究也發現，設定點高低對一個人的快樂程度佔有百分之五十的影響力。

還有一項研究雖然結論高度不確定，內容卻很有趣，並且指出基因與創業者追求目標的能力的關係。美國心理健康研究中心（National Institute of Mental Health）的科學家研究，如何讓猴子從懶惰鬼變成工作狂，做法是終止一個能讓猴子知道工作還要多久完成，並將得到獎賞的基因。實驗一開始，猴子每次完成一系列的任務後就有果汁喝。它們可以透過觀看螢幕上逐漸增長的直線，知道距離得到獎賞還要多久（這讓我想到正等著軟體下載完成的人類！）。猴子距離得到獎賞的時間愈近，工作狀況愈佳，也愈少犯錯。研究人員表示，猴子的行爲就像人類，對需要很久時間才能得到獎賞的事情興趣缺缺，拖拖拉拉（比方說，爲退休生活做儲蓄）。

接著，研究人員讓稱爲D２的基因停止運作，這會影響大腦中一種處理獎勵與學習的化學物質。那些猴子因此無法知道距離得到果汁還要多久。他們開始工作得更有效率，也較少犯錯，就好像獎賞在望。

同樣地，創業家會抓住一個機會，即使可能不確知何時會得到報償，依然廢寢忘食地追求它。前面提過，外向性的特徵之一是精力充沛，渴望始終積極活躍。這導致一種創業急迫感，促使一個人抓住種種機會，而非只是坐著幻想。美國航空的克蘭道爾說，「一旦你有了點子，你就必須執行。我們比競爭對手早想到那些點子，但是，我們也更有效地執行那些想法。在我們宣布 AAdvantage 前，已經安裝好所有的電腦軟體，以便支援相關作業，我們的紀錄保存系統也在宣布這項辦法的當天出爐。競爭者因爲落後一大截，讓我們維持明顯的競爭優勢長達十年。你必須把大量注意力放在執行上面。」

利用直覺網絡增加聆聽機會

創業家向來以獨行俠著稱。那或許是出自追求個人理想鍥而不捨，全然不管人們說「那絕不可行」的能力。但是，你要成爲獨行俠，不能光靠有決心。最成功的創業思考者其實都會打造個人的支持網絡。還有，他們也意識到，在協助自己察覺機會上，其他人扮演很重要的角色。「直覺網絡」(intuition network) 更是協助你察覺機會最具威力的工具之一。

我談論過以資訊爲基礎的直覺力。但是，先要取得資訊的來源和管道吧。當然，你可以閱讀報紙、雜誌、書籍及備忘錄，這些都很有用。但是，如果你知道如何運用你的直覺網絡，它的重要性不遑多讓。

大家都知道，聆聽顧客很重要。我認爲，天生的創業家擅長從每個人的話中聽出偉大的點子（Big Idea）。你不可能事先預知，某個人的一句話、一個意見、一份資料、一則故事或一份統計數據，可能引發你腦中的靈感。我不是說，有人曾告訴戴爾（Michael Dell），「嗨，你應該創辦一家專門生產訂製電腦的公司。」這裡要說的是，聆聽人們說些什麼，並注意它可能如何創造機會，正是創業思考的特質之一。本書就是一個例子。它的出版是因爲企業界朋友們有興趣。他們想知道，我從科學家轉變成執行長的非線性發展，我作爲一個創業家對做好執行長管理工作的看法，以及我在自己和所管理的對象身上看到的共同點。

克羅斯（七六人隊總裁）表示，「聆聽給你控制對話的能力。我唯一的學習方式就是聆聽。有句古老的義大利諺語：『聆聽帶來智慧，說話製造懊悔。』我成功的關鍵始終是：聆聽、觀察及閱讀。那帶給你新的想法，新的看事情的方式。」

直覺網絡之所以很重要還有一個原因：它有效果倍增的力量。仔細想想，當你聆聽一位客戶或顧客時，你並不只聆聽那個人，還會瞭解那位客戶的客戶和同僚，間接地預知、觀察及認識更多想接觸但無緣一晤的人。這些點點滴滴累積起來的間接智慧，你不一定立刻用得上，但是它會創造更扎實的行動起點或訊息基礎。它還能讓你更明顯感覺到種種等待被發掘的機會。

聆聽直覺網絡的另一層效果是，懂得運用所得到的資訊。一般而言，選擇資訊仍擺脫不了直覺。艾爾．努哈斯說，「我認爲，我和其他所認識的創業家沒兩樣，即使說自己會客觀，可是依然受本能、直覺或期望的影響。很多時候，我比較重視某些研究發現，因爲它們會揭示一些我所相信的事情。然後，問題變爲如何設法達到那些目標，而不是沒完沒了地考慮是否要嘗試達成它。對我們而言，《今日美國報》是一個重要的案子。我當時要求四位二、三十歲的年輕才子，從各方面仔細研究那個案子，在決定放手做之前，足足耗費了兩年時間。事後，他們先是個別，後來則集體向我坦承，他們其實知道我想要下的決定是做，而非不做。並且，他們的研究即使證實了很多事情，那些事實仍可能是有偏頗的。這是決策者必須留意的事情，你會想把訊息引導到符合你本能所希望的方向。」

辨認出模式

當然，察覺機會不全然靠直覺。看到商機的另一途徑是，精於辨識種種模式：行爲模式、購買模式、顧客反應問題內容的模式，偶發事件與長期趨勢之間關聯性所呈現的模式。它牽涉到下意識地把現況與過去奏效或不可行的事情做比對。史考特．庫克（Scott Cook）認爲，雖然英特異公司（Intuit）及其軟體產品跟 Crisco 酥油一點關係也扯不上，他在寶鹼公司負責消費者測試產品的經驗，幫助他創造出簡單好用的個人理財軟體 Quicken。

模式產生並非因爲某個創業家坐下來說，「我想，今天我會找到一些模式。」模式是在腦中自然浮現的。看過電影《美麗境界》（*A Beautiful Mind*）的人或許都會記得，劇中主角看著一牆的數字那一幕。突然間，其中一些數字變成粗體字，把它們與其他數字區隔開來，構成一個只有那位科學家看得見的模式。好吧，我承認劇中主角確實是配合劇情演出那一幕。不過，那仍是一個絕佳的視覺比喻，說明創業家如何做到別人似乎做不到的連結。此外，很多創業家向來都被看不到模式的人視爲妄想。

在雜亂無章中看出意義

試著閱讀下面段落：

Aoccdrnig to a rseearech at Cmabrigde Uinervtisy, it deosn't mttaer in waht oredr the ltteers in a wrod are agnrared; the olny iprmoetnt tihng is taht the frist and lsat ltteer be at the rghit pclae. The rset can be a total mses and you can sitll raed it wouthit porbemls. Tihs is bcuseae the huamn mnid deos not raed ervey lteter by istlef, but the wrod as a wlohe and the biran fguiers it out aynawy.

我打賭你要看懂並無太大問題。理由就在文本本身。由於我們的大腦被要求從所觀看的事物中形成意義，我們會在每一組次序大亂的字母中看到熟悉的模式，如某一個單字。我們不需把文本重新排列組合，我們直覺地「看到」正確的模式，以及它的適當意義。

我們的大腦被訓練看出意義。模式可以像是，「我的老闆總是把我留得比別人晚」，或「股票總是在我買它之後下跌」般平凡且負面。模式也可能深奧且有用處，比方說，華生（James Watson）認識到很多重要的生物體都是成對搭配，引導他將DNA的結構概念化爲很多套鹼基對，也就是雙螺旋。**創業家可能只是比其他人更擅長於看出有用的模式**。

就我的情況而言，一個關鍵模式就是因很多客戶一再說，「要是你創辦公司，我們會想找你代理」而形成。客戶不滿他們的廣告代理，因爲對方根本不在乎或不考慮以創新手法傳播品牌訊息。要是我非常愚鈍，很可能無法意識到那模式清楚點出了，創辦一家針對醫療保健產業的廣告公司的商機，以及以一種尊重客戶和顧客聰明才智的方式滿足該市場的需求。

連最輕鬆休閒的小事都可以看出模式。我有次跟賓士汽車（Mercedes-Benz）總裁一同外出用餐，開始用餐前，我伸手到口袋裡，說了一句：「希望你不要介意，我想服用我的維他命。」我塞了五、六顆到嘴巴裡。他說，「天啊，我眞高興你做這件事。」他也伸手到口袋裡拿出一小把維他命。他說，「做這件事常讓我有點難爲情，但是既然你做了，我眞的如釋重負。」接下來一個小時，我們都在談論養生之道。同樣的情況也出現在一位中小企業創業家身上，她說她和先生每天服用很多種維他命和礦物質。我每次參加座談會通常都會問，「在座有多少人吃維他命？」沒有例外，場中大約半數的人會舉手。

前面這個小故事說明了，除了盲目和思想閉塞的人，我們的行爲強烈暗示著東方的養生之道潛力無窮。這些趣聞軼事提醒我關於「機能性食品產業」（phood industry）的種種機會：營養保健品、維他命、礦物質等，全都是爲了維護健康而非治病。這種養生觀念絕對會影響西方世界的醫療保健做法。畢竟，你會想維護健康，還是治病？答案再清楚不過。

辨認個人層次的模式同樣很重要。在你的興趣、人際關係、你的成功與失敗中辨認出模式，能夠協助你爲自己逐漸展開的願景畫出下一張圖像，即深入瞭解自己天生長、短處而描繪的圖像。此外，誠如第二章「歡愉烙印：創造成功癮」所討論的，辨認模式的成功經驗將增進我們未來辨認出更多模式的能力。

老伯格說，「那幾乎是潛意識的。我認爲那很可能是遺傳的一部分。我並非有意識地這麼做。可是長期下來，腦子裡就是會開始理解種種模式。你會開始對自己說，『天啊，這個我以前看過。』」

成功啓動子：「四下察看」基因

據說諾貝爾獎得主萊納斯·鮑林（Linus Pauling）曾告訴學生，他得到偉大想法的方式是先有大量想法，再把不好的刪除掉。即使你自認爲沒有敏銳的直覺，還是可以藉由一些做法，讓自己變得更善於察覺和利用機會。切記，像創業家般思考並不需要成爲創業家。開發直覺力對做日常決定照樣有幫助。

借用別人的大腦

你除了發展和利用直覺網絡，還可以與直覺反應更靈敏的人搭檔合作。如果你找得到那種人，伙伴關係對你們雙方都是最大助力。當然，我們談的是伙伴關係，而非剽竊想法。

尋找顯而易見的點子

最好的點子有時會因太過簡單而被忽略。客戶自助服務（customer self-service）已經改變大多數企業做生意的方式。電子海灣（Ebay）的創業宗旨就是，讓個人之間的銷售活動更便利。有些企業搞行銷，不過是雇用大學生在年輕人聚集的地方宣傳某項產品有多炫。戴爾電腦（Dell）分食市場大餅，做法是一次爲一位顧客生產電腦。同樣的，爲了讓人們下載和播放他們想聽的音樂，許多軟、硬體應運而生。

我在紐約醫學會（New York Academy of Medicine）從事一些義務性工作，這個機構的曼哈頓辦公室就在第五大道上。不久前，我與學會理事長在他的辦公室裡，談論著都會區醫療保健的具體機會和需要。辦公室兩邊都有大窗戶。當他轉動座椅，朝俯瞰第五大道的那扇窗戶望出去。他說，「湯姆，爲什麼當我從這個窗戶看出去時，看到的人都擁有極佳的醫療保健，良好的生活品質，一般而言也較爲長壽。」接著他把椅子旋轉九十度，面向望著哈林區

（Harlem）的那扇窗戶，「我從這個窗戶看出去，所看到的人卻全然不是那麼回事？」

他用一句話具體點出一個狀況，都市中的醫療保健落差，這也爲任何有能力著手解決問題的人指出潛在的龐大機會。解決重大問題的偉大想法相當稀有，但是確實具有形塑未來的能力。它們給予創業家力量，這種力量會創造出機會，機會則創造了各種產業。

活在機會所在的世界

派屈克（John Patrick）是電腦的愛好者，這也使得他成爲IBM網際網路事業的狂熱鼓吹者，訴求對象從公司內部到公司顧客。「你必須活在那個世界裡。創新是在事情發生的場域實際體驗時產生。你需要深入其中。特別是在大企業裡，你有時可以想像，某個部門其實就是另一個外在世界。進入人群當中對你十分重要。你必須像網際網路般思考，深入眞正的基層。你必須把你的想法在那裡表達出來，得到回饋，更多回饋，進而修改原本的想法。你需要有雄心壯志，勇於行動，從簡單的做起，並且發瘋似地重複不斷地做。」

在其他領域也是如此。要創辦一家新的廣告公司，你不可能複製過去，甚至現有模式。創新與「模仿」（me-too's）無關。模仿或許是諂媚迎合的終極形式，但是並不能創造出種種產業，只會變得更加平庸無奇。你沒有跟媽媽們相處，瞭解她們的需要，就設計不出廂式休旅車。你不知道青少年想如何取得他們的音樂，就發明不出iPod。你需要在球場上才能找到得分的機會。

掃瞄天際

經常跳脫繁瑣細節能讓你專注於較大圖像。我稱之爲「海闊天空地觀看」(seeing horizontally)。澤爾每天看五份報紙，每週看六本雜誌。他說他無法記得個別報導的內容，但是廣泛的閱讀有助於他看出趨勢。橫跨廣大範圍的主題和來源，水平地進行察看，垂直地強力聚焦利基，這將提供直覺所需要的更多資訊，進而激發想法。請記住，直覺是在取得資訊之後才出現。

聚焦

聚焦看似與廣泛瀏覽相抵觸，其實不然。聚焦於一個潛在機會可以幫助你發現原本可能沒看到的事物。例如，娛樂產業正在迅速變化中。我不確定媒體企業的下一步演變是什麼，但是必然與其他產業有關，進而影響消費者需求、品牌認知及廣告客戶開支。

球進本壘板前開始揮棒

先前說過，創業思考涉及一種緊緊抓住機會的急迫感，而不是浪費時間在沒完沒了地修改計畫，或更糟糕的，光做夢而不行動。幾年前，我遇到一位很優秀的女士。我試著透過她的助理安排面談，總是因故取消。當我親自聯絡上她時，她說，因爲出差，接下來兩週都排不出時間。我再問她當天下班的行程。「上健身房，」她說。「那我開車來接你下班，把你送到康乃狄克州的健身房。」我們就那樣做了，而且在抵達健身房前，我就雇用了她。她至今還在爲我工作，而且表現極爲優異。對我們雙方而言，那段路途都是一個美妙的機會。

捷藍航空執行長尼勒曼（David Neeleman）一旦相信,飛往多明尼加共和國的航線可行，他隨即想付諸行動。羅迪斯說，「尼勒曼躍躍欲試，因爲他在飛機上跟顧客交談時，對方說：『你們怎麼不飛那裡呢？』他不斷地聽到那個說法，他的直覺也告訴他業績會不錯，因此他說，『我們就宣布吧。我們趕快申請國際航線資格吧。』然後他要整個團隊緊盯著它。謝天謝地，業績眞的不錯。這個經驗告訴我，如果你的直覺是根據情況分析而形成，通常會有大量的數據資料支持。這種直覺又會因成功而強化。」

打棒球時，你不能等到球直接進了本壘板才揮棒。你必須預測，行動，而且是迅速行動。

休息

大腦負責直覺運作，偶爾也需要消除疲勞，因此，你必須確定自己有足夠的休息才行。最令我著迷的是，我只要看著落日，腦海中就會湧現種種想法。你需要找出能讓你放鬆的方式，好讓大腦在平和寧靜的情境中思考遠大志向。

要是錯過機會怎麼辦？

本書的受訪者中，極少人記得自己曾經錯過的機會，可是難免會有一、兩回。創業家的特質是絕不回頭看。他們覺得未來還會有更多機會，回顧過去的用處是從中學習，引以爲鑑。回顧過去通常不是他們的選項。

切記，事情循環不息。這次即使不是掌握某個機會的適當時機，很可能下次機會來臨時又更精彩。當你確實感覺到創業急迫感，好好睡一覺，第二天再做決定也不遲。

這麼做不是要排除創業急迫感。憑直覺決定或留待第二天做決定，無論哪一種做法都不排斥本能反應。兩者其實還有互補性。每個創業家都必須有計畫地與他的偉大想法纏鬥，並在做出決定前依然悠遊自在。創業家比較像有前瞻性的規劃者，而不是隨情境做反射動作的角色。這是一種珍貴天賦，讓他們能夠先徹底思考自己的本能反應再行動。他們爲成功預作規劃，通常也獲得成功。

6

戰勝恐懼的挑戰(II)

瞭解、相信你的產品

・你很清楚自己要推銷的內容，
以及它們爲什麼很有價值。

・你很清楚倡導自己的點子或產品時，
你自己的獨特價值所在。

・你對自己的產品或點子有足夠信心，
因此能聆聽回饋。

・你的產品或服務確實提供價值中的價值。

・你認眞聆聽顧客的聲音。

當我在超級杯中場時段看到精彩的抗憂鬱、性功能勃起的廣告時，我爲之莞爾。在我擔任廣告人的年代，沒有向消費者廣告藥物這回事，我們的對象只有醫師或其他醫療保健專業人士。藥廠廣告只刊載在醫學期刊，夾帶樣品罷了。大多數廣告公司把藥品廣告視爲枯燥、毫無創意的東西。他們根本連碰都不想碰。可是在 Harrison & Star，我們眞心喜愛我們所推銷的，我們的熱情人盡皆知。我們也成功地在原本人人認爲枯燥的廣告領域展現創意。沒錯，那眞是一段美好時光。

我的合夥人理解科學知識有過人的能力。我也用科學幫我打頭陣。當我在輝瑞藥廠擔任業務代表時，我總是坐在醫院餐廳裡，向醫師圖解我們的產品爲何優於競爭對手。我有時也會以在醫院圖書室找到的臨床研究資料補強。無論如何，我最有效的視覺輔助工具就是白色餐巾紙，我靠它們現場繪製解說圖表。

當我們的顧客變成藥廠時，我們對醫藥的科學基礎和醫師的「DNA」的高度熟悉，繼續讓我們大受歡迎。我們也知道自己的時機和市場定位完全正確。隨著新穎重要的藥品持續推出，人口年齡逐漸老化，對進步的醫療有更多需求，我們的成長是爆發式的。當我們接觸潛在客戶時，我們其實不是在談廣告，而是推銷我們對顧客所在產業的瞭解，包括它們的特定品牌，以及它們的顧客：那些寫處方箋的醫師。認淸這一點，認淸這裡面的價值，我們對自己所推銷的充滿信心。這種信念讓我們成爲企業常勝軍，業務龐大，多多益善。

不管你的產品是一種服務、實體物品或你自己，**如果你對自己的產品缺乏信心，要能像創業家般思考實在很難**。我常說，成功的創業家很清楚他們所作所爲的風險。關鍵在於他們並不覺得那些是風險。一部分原因是他們不僅相信自己，也相信自己正在銷售的，而且知道自己爲什麼相信這一切。

我碰過的最佳業務代表中，有一位是寶馬汽車（BMW）的業務員。這位仁兄太清楚他要賣的車。他知無不言，有問必答，而且能夠風趣地解說產品的獨特性。舉例來說，他告訴我當車子倒檔時，右側後視鏡會傾斜十二度。我問：「爲什麼是十二度？」他馬上解釋，如果是十一度，駕駛停車時將無法看到人行道的路緣。我是那種分析導向、追根究柢的人；我也確實爲他充分掌握該車性能的知識所傾倒。當然他也很清楚我是需要這類訊息的顧客。

這裡所說瞭解你的產品，不是指產品本身而已。瞭解產品，不管它是個物品、服務、點子或你自己，意味著你很清楚自己要銷售的市場，以及銷售成功需要付出的心力。它也意味著認清你的競爭對手。更重要的，它意味著瞭解這個市場在未來兩、三年的變化，如此你才能跟上市場的步調。最後，它還意味著分析己方能力的限制，知道如何截長補短。你不可能一開始就信心滿滿，但是認眞敬業，經常提醒自己上述問題，必然能改善你的能力，增強成功（屬於你的成功）的信念。

當老伯格創立先鋒共同基金系列時，基金投資原本都是透過經紀人進行。從今天來看，直接向消費者推銷基金的點子一點也不新奇，可是當年卻是前所未聞。然而，伯格篤信不疑，藉由降低操作共同基金的成本，增加投資人收益的想法，簡單清楚，必然成功。

他說，「誠實地說，創辦先鋒基金公司時，我壓根沒想過那裡面有任何風險。我知道在這一行只要你能長期維持低成本營運，幾乎就是成功的保證。我唯一的疑問是，究竟公司多快能成長茁壯。乍看之下，我們要帶頭淘汰整套經紀人通路系統；成立第一個只有三個層級的債券基金，導致債券基金投資的本質改變；乃至於創立第一個股票指數基金等想法都很瘋狂。這些怎麼可能做到呢？答案很簡單。再白癡的人都知道它們是可行的……我不認為人天生喜好冒險。大多數冒險家只是渾然不覺這個過程有風險存在。」

費爾茲・羅絲（Debbi Fields Rose）則不同。當她開設餅乾店時，絕對清楚自己正在冒險。她的父母告訴她，只因對烘焙一直有興趣就想藉此創業，根本是很瘋狂的想法。她的先生則說，「我打賭你一天做不到五十美元的生意。」不過她還是決心向世界證明他們錯了。這個決心是在她二十一歲，還是大學生時代，受邀參加一個富豪的家宴時「開啓」的。當時她對如何給主人一個深刻印象充滿緊張不安。當對方問她：「你將來打算做什麼？」她為了要出奇制勝，回答說：「我正在努力尋找自己的志向。」結果主人找來一本厚重的字典，往她身上一放，厲聲說：「聽好，如果你說不好英語，就別說，『找出志向』的正確拼法是 oriented，而不是 orientated。」這種羞辱和奪眶而出的淚水讓她決定要做一番大事業，**眞正**讓人刮目相看。

因此，當她開業的第一天，她緊張到不行。她的餅乾每片售價二十五美分，要超越先生每天營業額五十美元的門檻，她必須賣掉超過兩百片才行。時間一分一秒過去，業績空空如也，「我意識到自己在浪費寶貴時間。我告訴自己：『不是在店裡守上一整天，就是採取行動。只要顧客嘗到這些餅乾，他們一定會買的。』」她決心證明老公的預言錯誤，因此走上人行道，開始分送她的餅乾。顧客果眞尾隨她走回店裡。當天晚上打烊時，一共賣了七十五美元的餅乾，而且顧客持續光顧。她的小店最後變成費太太餅乾公司（Mrs. Fields Cookies），達成自己的雄心壯志。讓她在第一天走上街頭的力量，正是她對自己產品的信心，一種成爲她整個經營模式的信念基礎。

我認爲，除非一個人深信自己正在做的事，他不可能像創業家般思考，也不可能成功。創業家除非相信他所提供的是有價値的，否則他不可能有應付創業階段種種風險的膽識。這一點對創業家非常重要，畢竟別人沒必要爲你犧牲屈就。即使你是在企業內工作，你依然有風險。你有浪費自己時間、自己精力、自己前程，甚至老闆金錢的風險。這麼做總要有些價値。如果它値得你這麼做，你也比較容易淸楚這麼做對別人的好處，進而說服別人加入你的行列。

像創業家般思考，意味著要有推銷你的產品、點子或你自己的能力。如果連你都不相信自己的產品，你最好改行做其他事情。如果你要說服別人，你頭一個要說服的對象就是自己。不管是要找理由說服你相信自己的產品，還是要找其他賣點來推銷，除非你很清楚自己的產品，認清你的顧客基於什麼理由需要它，你不可能成功。你可能可以列出產品的優缺點。你也可能找到辯解問題的各種方法。但是你不可能達到，讓每個你所接觸的顧客都心悅誠服這個產品價值的成功境界。

如果你事先做好功課，你就不必擔心成功與否。用心理解自然會創造自信。

神經過敏性（Neuroticism）：成爲「驚恐武士」

你有因爲自己深信不疑，進而能說服別人的天生能力嗎？可能喔。創業家有時被描述成，對他們自己的產品擁有「近乎宗教般」的信仰，其實並不令人意外。一些關於雙胞胎宗教信仰的研究，提供我們有關基因如何影響態度的線索。同卵雙胞胎即使被分開撫養，通常還是有類似的宗教信仰態度。有個研究以三百三十六對雙胞胎爲對象，試圖就「有組織的宗教」（Organized Religion）瞭解基因對態度的影響力，結果發現基因的影響是「．四五」，至於家庭等共同生活環境的影響卻是○。基因與選擇宗教無關，但是與信仰的**接受度**有關。

另一個可能與態度有關的基因是VMAT2。美國國家癌症研究院（National Cancer Institute）的基因結構和規則研究主持人蓋瑞・哈默（Gary Hamer）就稱它爲「基因王」（God

Gene)。在他的研究中，這個基因似乎與「自我超越」(self-transcendence) 的特質有關。精神病學者描述「自我超越」，包含一種與超越個人的更大事務有關聯的感覺，以及在沒有明確證據下，毫不懷疑地接受一件事情的意願。**我認爲創業家很容易就流露出這種信仰能力，創業家對他們的點子或產品篤信不疑。**

另一種基因優勢是不焦慮。成功的創業家不會輕易被生命的黑暗面擊倒；或者說他們通常太樂觀了。太過神經質的遺傳會對創業思考造成雙重不利。它讓你比別人更容易傾向以負面心態看生活。更糟的是，你對察覺的負面事務會傾向做出比別人更情緒化、更激烈的反應。比方說，如果創投家對你的態度不佳，你的反應是自我否定而非更積極努力。最主要的，你會任由這種負面感覺盤旋而上，完全失控：「這必定意味著我是徹底失敗的人。」「我不可能取得資金。」「我怎麼會這麼異想天開？」或者，它會使得你放棄接觸其他創投家。它讓你成爲我所謂的「驚恐武士」(samurai worrier)。

這一點也不像我所認識的成功創業家。

研究人員在找出導致一個人成爲「驚恐武士」的基因方面有所進展。我們說人們緊張焦慮時會「扯頭髮」。猶他州大學對老鼠的實驗顯示，這是千眞萬確的事情。他們設法讓 Hoxb——一個很特殊的基因無法作用。老鼠開始拚命抓自己和同伴的毛髮，結果導致它們禿頭而且傷痕累累。人類出現這種行爲則稱爲「強迫症」(obsessive-compulsive disorder)，徵兆就是焦慮。

另一個研究則探究某一基因產生變異時，如何影響腦部血清素程度（百憂解就是幫助腦部更有效地使用血清素）。5-HT這種基因產生變異似乎會引發長期焦慮、沮喪，以及心理學家所說的「逃避傷害」（Harm Avoidance）傾向。有些研究已經開始探討它們與神經過敏性格的關聯，因為神經質是一種高度遺傳性的人格特質，也確實關係到一個人對自己和自己產品的信心。

大多數創業家會表現出一些神經過敏性低的特質。如果你很神經質，不必參加創業性格測驗，自己憑感覺就知道。相反的，天生比較不神經質的人情緒相對比較穩定：

- 他們不會焦慮。高度神經質的人傾向長期焦慮。他們不僅會注意到各種潛在威脅，對這些威脅的恐懼反應也很強烈。
- 他們不會大發雷霆。他們可能不易被激怒，或更容易忘記不快。
- 他們有抗憂鬱的特質。不同於那些讓阻礙擾亂個人情緒，導致沮喪或氣餒的人，他們面對問題時能迅速調整心情，重振活力。確實有些成功者也有嚴重的憂鬱症狀。然而，在專業治療下，他們同時具有的勤勉審慎（Conscientiousness）等其他特質，使他們雖然有憂鬱症但仍能堅持不懈。

- 他們不太在乎別人怎麼看自己。
- 他們能控制自己的衝動。即使渴望冒險，他們在做法上並不衝動。
- 他們妥善處理壓力，至少不會因壓力而情緒失控。

這個遺傳性人格特質，每個人身上或多或少都有一些，比方說，有人可能容易生氣，但是不會疑神疑鬼，也能正常工作。

癮君子如果神經質，要戒煙就更困難。在我的經驗中，它也會影響一個人做出決策且堅持到底，尤其當那些決策涉及風險時。「驚恐武士」面對所有事情都同樣焦慮恐懼，這對要像創業家般思考是一**大**問題。

易怒或對人有敵意，也會導致你疏離有助於達成目標的人際網絡。如果你很容易就氣餒，你所見所聞都是障礙，而不是如何繞過它們。這只會讓事業愈走愈衰退，甚至一開始就不可能創業。怕難爲情也會導致你因爲害怕出醜而不敢冒險。抗壓力低的弱點會導致人們根本無法做決定，或使他們做決定時非常情緒化，而非從策略或戰術上著手。

致力研究人格五大基本因素的科學家羅伯特·麥克魁說，「太神經質的員工可能會發現，無論管理多開明，都可以找出抱怨之處。」我看過不少這樣的人，相信你也有同感。

神經過敏性低未必讓你成爲冒險家，也不保證你在推銷上自信滿滿。事實上，高度神經

神經過敏性的心聲

	神經過敏性低	神經過敏性高
長期焦慮	「風險？有風險嗎？」	「這太冒險了。我可能會失敗，被迫宣告破產，整個家庭都挨餓受凍。」
長期敵意	「唉，人生就是這麼回事。」	「我碰過的每個老闆總是偏袒喜歡的人，他們都是混蛋。」
沮喪傾向	「明天會更好。」	「我恨自己的生活。我一路失敗，往後也是如此。」
怕難爲情	「別人說我很瞎又怎麼樣？」	「別人會怎麼想？」
面對壓力的困難程度	「當情況開始嚴峻，最困難的部分也將過去。」	「完了！災難發生！我應付不來了！我該怎麼辦？」
衝動	「不，謝了。我喜歡巧克力，但是我更希望甩掉十磅肥肉，而且只剩下四磅而已。」	「眞不敢相信我把這些巧克力都吃下肚。唉，反正我已經減肥失敗，再來一塊又何妨？」

質的人也可能發展出冒險行爲，來對付自我陰暗面或經常負面的觀點。不過自知經常焦慮、有敵意、怕難爲情或沮喪的人，如果想當創業家，絕對應該三思而行。當事人即使假設他們能說服自己在第一時間採取冒險行動，這裡所描述的神經過敏性還是無法承受所有可能出現的風險。當你內心的「驚恐武士」把所有事情都朝最壞的方向解讀時，你要對自己的產品自信滿滿絕對很困難。

不清楚自己要推銷什麼的風險

前面提到開放學習性的價值。如果你的遺傳基因中沒有這個特質，別氣餒。缺少開放性可能讓你冒險時更自在。一項對感染人類免疫不全病毒（HIV）風險的調查發現，不願意承認不安全性行爲會感染HIV的人，開放性比承認這項風險的人低。開放性涉及想像與概念化的能力。它能幫助你在情境分析時思考原始數據資料。研究人員推測，開放性低使得那些人拒絕承認感染風險。他們很難想像不安全性行爲危及生命的後果眞的會發生在自己身上。缺乏想像力似乎給他們一種百毒不侵的感覺。

這也提醒我那麼多網路公司的下場。在品牌主導一切的時代，這些廠商中很多忘記搞清楚他們眞正要賣的是什麼，或究竟有什麼價值。亞馬遜公司（Amazon）賣的不是產品；它賣的是應有盡有與便利性。太多網路公司只是賣氣氛而已。大多數網路「創業家」沒弄清楚網際網路只是另一個傳播媒介。只有那些成功者清楚網路是什麼，並能找出將經營模式轉爲財源的途徑。

不過，拒絕承認風險並非高明的冒險者。我知道有個人擁有一個極爲成功、而且有利可圖的醫療傳播事業。他很精明，雄心勃勃，立志建立一個事業王國，也因此發展許多其他領域的事業。他將核心事業的主管派去主持他們不熟悉的業務。超級自信使他看不到所作所爲的後果。他無法想像核心事業會出問題。結果，不只核心事業出問題，其他事業也拉警報。這就好像一個人明知道他有遺傳性心臟疾病的風險，可是每天晚餐都要吃牛排一樣，這位仁兄面對錯誤判斷的可能影響並不「開放」。

開放性不僅會讓創業家認清高明的點子，也會協助他承認別人也有高明點子。也許那些點子正好能改善他們的產品，或那些點子將會取代他們的產品。開放性讓你得以經常評估自己的產品和市場，瞭解競爭狀態，領先任何嘗試侵蝕市場的對手。

密西根大學學者金尼爾指出，「堅持信念與願意聆聽環境給你的訊息之間，其實存在難以想像的抵銷作用。如果市場發出一些訊號，如果顧客也一再提起相同的事情，而你卻不願意聆聽，那你保證會有麻煩。」

這裡面弔詭之處就在於，既要對自己的想法有足夠的信心，也要願意讓它們接受試煉，並聆聽回饋好讓你的想法變得更完善，或提醒你趕快轉向。你愈瞭解自己的產品，就愈能正確地評估過程中的相關資訊，這也意味著你對分析自己的風險具有充分開放性。

成功啓動子：「推銷電話」基因

我讀過無數討論冒險的書，但從未看到冒險與推銷技能連結的觀點。當你必須要冒險，如開辦一個事業或一個專案，只要你能把這個想法推銷給別人，我保證你會成功。你必須說服其他人相信你所看到的願景。你可以擁有世上最棒的點子，但是如果你無法說服其他人你所做事情的價值（你的點子，你這個人），你其實不會有太大進展。

我的公司有位創意總監，在 Harrison & Star 草創時，原是另一家廣告公司的員工。那家公司也是鎖定醫療保健業務，而且是由四個超級高手創辦。那家公司就在我們成立後不久出現，而且引起很大轟動。當時，我與合夥人焦慮不已。我們孤注一擲創辦自己的新事業，可是已經有人要把我們微薄的利基拿走。我知道自己絕不能被這個挑戰擊倒。我沒有花太多力氣擔心競爭的成敗，而是下定決心重新聚焦，重振活力。我們告訴自己，他們出現是個事實，這件事其實證實我們做的是對的，而且市場也確實在那裡。從創業開始，我就會打推銷電話，可是在後有追兵的情況下，我要趕在對手接觸前，聯繫上每個可能客戶的意念更加強烈。

事實上，我們很輕鬆就解決那個威脅。那四位高手中，沒有人願意主動打推銷電話。我則樂此不疲！推銷電話不僅是招攬新客戶的機會，也協助我們找到談成下一宗生意的途徑。

「推銷電話」基因的標記

- 你很清楚自己要推銷的內容，以及它們爲什麼很有價值。
- 你很清楚倡導自己的點子或產品時，你自己的獨特價值所在。
- 你對自己的產品或點子有足夠信心，因此能聆聽回饋。
- 你的產品或服務確實提供價值中的價值（values-based value）。
- 你認眞聆聽顧客的聲音。

另一家廣告公司從未把自己放在招攬可能客戶的有利位置，最後關門走人。這裡面需要的不只是才華，畢竟他們都是能力超強的高手。這裡面比的是創業家基因，那種吶喊「我要靠自己成功，不要等別人幫我成功」的基因。請記住，人們甘冒風險幫助你成功前，很自然地會先設法讓**自己**成功。

擁有推銷電話基因成功啓動子，你必須充分瞭解自己的點子或產品的價值所在。我離開輝瑞藥廠後，就在一家廣告公司服務。當我被介紹給第一個客戶（另一家大型藥廠）時，我很快就察覺，我個人對這些人的價值。那位坐在大型會議桌另一端的先生請我坐下，一開口就說：「我們只想知道你爲輝瑞做的事情。」我並不是在推銷廣告。我推銷的是我在輝瑞負責業務和行銷的經驗。我賣的是策略。我意識到自己其實是一個標榜知識力和策略思考的品牌。這也是對方想要的，而不是要一家廣告代理公司。我也讓他們如願以償。對那位客戶而言，我確實幫助他們推出直到當時該公司最成功的品牌。當我自己開廣告公司時，推銷的同樣是我個人的策略思考品牌。我幫顧客進行這方面的任務，好讓他們聚焦在其他品牌管理工作。

就我目前的角色而言，我帶領團隊負責評估各家企業，以及其中的人才資源。當我們認為應該爭取人才時，我們最想知道的是他們思考的方式，以及創造價值的方式。如果我們掌握不住這一點，那個人我們寧可不要。

亮星企業的克勞爾如果沒有深刻體認他的事業所為何來，恐怕根本不會成功。或者說，他可能脫離不了駕著貨車賣手機的日子。當他要進入拉丁美洲市場，並且嘗試成為大型經銷商時，大家都說他瘋了。「當我們進入這個產業時，我們競爭的對象是名為手機之星（Cell-star）、亮點（Brightpoint）這兩家公司。他們都是上市公司，市值超過十億美元，在銀行的周轉額度是三億到四億美元。我們則是靠十萬美元起家。每個人都告訴我們，『請弄清楚，這個市場已經擠爆了，這個行業利潤很低，你們根本沒有存活空間，這是一個要砸錢的行業。』」還有很多企業不想在政治經濟經常動亂的區域發展。當克勞爾嘗試靠經銷手機進入這個市場時，他們的產品價格不但比競爭對手貴，而且套用他的話，產品也像「報廢物……老天爺，它們眞的有夠醜！」

克勞爾的策略是：傾全力讓客戶與他做生意要比和競爭對手更容易。他們不僅運送新款手機給零售商，也收購對方的庫存品（當然，再把這些老機種賣到有利可圖的地方，那些連這類手機都不常見的地方）。當克勞爾讓亮星接管零售商的庫存預測，並代爲處理運輸、倉儲、關稅等後勤業務時，亮星就成爲對方不可缺少的合作伙伴。

「懶惰是人的天性。如果你讓買家自己付油錢，自己管理物流，搞清楚自己需要多少電話，他們當然會做。可是如果你突然告訴他們說，『老哥，如果你跟我們做生意，你就不必想這些問題。我們會幫你把這些處理好。』這一招眞的很吸引人。我的手機既貴又醜根本不再是問題。情況演變成客戶所說的，『你知道嗎，這根本不是我注意的重點。重要的是，他們會把電話送過來，帳單寄過來，還會處理付款和庫存預測。不管電話本身如何，我跟這些人買的電話只會愈來愈多。』」

克勞爾很淸楚他在賣什麼，他不是在賣電話。他賣的是便利性和點子。

如果你不是天生的業務員，以下是一些能幫助你更有說服力的電話推銷基因技巧：

創造價值中的價值

當創業家所賣的東西符合自己的價値時，他們就會成功。或更精彩的，有些創業家能創造出我所稱「價值中的價值」(values-based value)。他們自己的核心價值成爲他們的賣點。

要解釋清楚最好還是用例子。先鋒基金公司的伯格以低成本方式經營共同基金，因爲他相信這是能提供股東最大收益的最好方式。基於股東回收最大化這個核心價值，他開創以指數基金爲基礎的先鋒投資法。「就算白癡都懂，也有機會做我做過的事。這些並非新點子；只是以前沒有人這麼做過……我開辦一家靠低成本經營的企業，因此我需要做的是募集基金，好讓低成本以最自然的方式發揮效果。在當時，我認爲這一切都是天經地義的；直到今天，我還是認爲無論從邏輯或必然性上都當如此。」先鋒五十指數基金(Vanguard's 500 Index)已經是美國最大的共同基金。

在Harrison & Star，正派是我們的核心價值之一。我們希望經營一家實質與風格並重的廣告公司。我們不賣廣告。我們銷售平靜的心境。由於我們總是把客戶的事業放在首位，他們清楚在自身事業或品牌的成功上，有人和他們一樣具有責任感。

捷藍航空的核心價值是在低價位飛行中，給予顧客正面的體驗和滿意度。這家公司聘用員工，很在意他們是否願意爲滿足顧客而冒險。哈雷機車(Harley-Davidson)也不只是賣摩托車；他們還推銷與哈雷機車車友共融的快樂。他們開辦由公司贊助活動的哈雷俱樂部，促進哈雷玩家間的交往溝通。「顧客社群」(customer community)這個概念，就是他們的價值中的價值。星巴克咖啡(Starbucks)也不只是賣咖啡；它賣的是一種體驗。在一個不屬於你我，有 WiFi 無線上網設備的空間，你可以在那裡得到放鬆，會晤朋友，聆聽音樂，執行業務，還有，品嘗咖啡。

嘉納兄弟（David and Tom Gardner）相信，投資要取得超過平均值的獲利結果，最佳做法是挑戰傳統另闢蹊徑。這也是爲什麼他們的投資理財網站 Motley Fool Web 選擇營造一種樸實、輕鬆自在、樂觀的氣氛，搭配上他們著名的小丑帽。幫顧客找出有潛力的產品，並且讓他們能自在地進行冒險，就是他們創造的價值中的價值。

也許最顯而易見的例子就是 Google。它的創辦人在首度公開上市時，在申請文件中附上一份致全體股東的「所有權人手冊」（owner's manual for shareholders）。這份聲明保證建立一個 Google 基金會，協助「讓世界更美好」，鎖定長程機會，以及勇於承擔追求創新風險。賽吉・布林（Sergey Brin）和賴瑞・佩吉（Larry Page）這兩位創辦人在首度公開上市時，提出這項充滿理想性的承諾，讓他們的信念和價值觀公開成爲該公司的一項核心價值。

你應該讓所要銷售的產品或服務中帶有你的價值。如果你這麼做，顧客會相信你，相信你的品牌，以及你所銷售的東西。他們的信任又能讓你得到局內人的優勢，是所銷售對象內部的伙伴角色。價值中的價值會讓你很自然、很自在的推銷。它能彌補你遺傳基因組合的不足，讓你更成功。

你就是最佳銷售工具

在輝瑞藥廠時，我推銷過一種非常昂貴的抗生素。在一次業務餐會上，有位醫師用競爭者的論點反擊我。那位競爭對手不只是老資格的業務代表，而且是這位醫師的多年好友。這位醫師說，我的競爭對手的抗生素不僅一樣好而且更便宜。我拿起桌上餐巾紙，開始發揮我拿手的藥性解說。我當場圖解這種藥如何分解，殺死細菌，而非只是抑制它們的生長。我能成爲年度最佳推銷員就是靠這位醫師；因爲他後來成爲在處方箋中大量使用這種抗生素的醫師之一。

有效銷售意味著你知道自己的獨特價值所在。如果我不瞭解如何運用自己的細胞生物學背景，並將它當作我的銷售工具，我可能不會考慮轉換跑道。從一開始，我就知道只要醫師願意見我，我也能**用他的語言**進行溝通。在面對推銷員時，醫師比一般人更沒有耐心。我能回答他們關於某種藥在科學上，爲何、如何能治療他們的病人。我甚至會告訴醫師，哪類病人不適合服用該種藥物。這有何特出之處呢？誠實罷了。

認清上述能力對別人的價值，也經常幫助我克服恐懼，即使我知道對手是更資深幹練，與這位醫師顧客交情匪淺的業務員。充分瞭解自己獨特的推銷能力，並對自己能提供的價值深信不疑，也會讓這些特質更容易用在對方身上。這讓你利用所長建立起個人品牌。誠如畢德士（譯註：Tom Perters，《追求卓越》、《從A到A^{+}》作者）所言，「個人品牌」（Brand You）會讓你成爲別人記得的對象。還有，瞭解你的個人品牌，以及它如何讓你在別人心中更有價值，也會讓你在推銷業務上更有信心。

想想你能給別人什麼

我在向醫師推銷上面特別得心應手，一個原因是，我很清楚如果醫師處方採用我的藥，能給病人什麼好處。當然，我想從對方那裡得到我想要的：業務成交。但是我也清楚自己所提供的確實有助於他人。

成功的創業家眞心認爲，他們提供的是一種讓事情處理得更好的途徑，那可能是更好的服務，更好的做事方式，或更好的才能。克服「驚恐武士」毛病的最快方式是，不要只想自己要什麼，而是你能給別人什麼。給一些能讓世界更好的事物，不僅能讓你的思緒離開自己；還能激發你要銷售對象的興致。畢竟，你的顧客不會在乎貴公司成功與否。他（她）在意的是你的公司能讓他（她）的生活、企業、工作或世界更好。

聆聽顧客

在清楚自己銷售什麼這件事上，戴爾電腦是個絕佳案例。它的經營是建立在根據你的需求量身打造電腦規格上面。當你打電話過去，戴爾電腦的業務員一定能幫你找出最符合你需求的電腦類型。大量專殊化：超級精彩的經營模式。

因此，即使「聆聽顧客」是本書中最了無新意的建議，它仍是你相信自己產品最最重要的一環。如果你缺乏信心，不妨聚焦於弄清楚顧客的需求。然後設法找出滿足那些期待的做法。這也是最快進入顧客內心的方法。只要你持之以恆，正確評估那些訊息，並讓你的點子或產品與顧客需求緊密結合，你必然清楚怎麼做，並且人、時、地、物和做法都再正確不過。它會帶來成功，成功又帶來自信，然後你就樂在其中，追求成功上癮。

當我找那位在電子公司服務的朋友協助選購一套家用音響時，他想知道的是我喜歡聽哪類音樂。我問他爲什麼這麼問。他回答說，「如果你聽的是你喜歡的音樂，而非我想播放的音樂，你的感覺會比較好。而且你聽到的就是你眞的買回家之後聽到的效果。你不會被音樂本身搞得厭煩。」我認爲這是聆聽顧客、滿足顧客需求的最佳例子。

你應該自問以下三個問題：

- 我的推銷要最有效，應該瞭解那位顧客哪些事情？
- 蒐集這方面訊息的最佳途徑是什麼？
- 我該如何以最不帶強迫、最能接受的方式介紹我的產品？

因此，你對聆聽對象的需求，反應必須夠機靈。你不可能對尋找價值千萬美元豪宅的人推銷組合屋。當我是藥廠的業務代表時，我花大量的時間耗在醫師研究室裡，瞭解他們的實務：他們的病人是哪些類型，他們如何治療糖尿病或高血壓，或憂鬱症患者，他們感覺爲病人開特定藥劑的效果如何。我很清楚他們的好惡，他們習慣開哪些藥，爲什麼他們會這麼做。我蒐集的訊息讓我知道，面對每位醫師時，我所推銷的藥物有哪些特色或臨床數據能夠符合他的需求。雖然我的業務責任區裡有上千名醫師，我每次只考慮眼前這位醫師的需求。

很多時候，像個創業家般思考，其實就是常識性思考。常識又和你眞心聆聽他人有關。這個做法幫助我開創藥品廣告的轉型，將它從原本只與穿著白袍的醫師對話，變成每年花費

當你推銷的是自己篤信不疑的產品……

- 客戶說，「如果你自己開公司，我們就找你當廣告代理。」
- 產品自己就會展現說服力。
- 人們主動介紹生意給你。
- 價格不是問題。
- 客戶打從心底希望聽你（要賣）的觀點。

數十億美元密集轟炸穿著短夾克的街頭行人，也就是病人。我們很清楚藥品宣傳做法必須改變。提供病人醫療保健資訊截然不同於教育醫師藥品特性。我們必須盡快弄懂如何與消費者溝通，而當中許多新做法其實都回歸到常識。比方說，要瞭解消費者，日用品廠商的廣告代理當然是最佳學習對象。它們對消費者的瞭解就來自每天與消費者對話。

如果我對正在做的事情根本沒信心，怎麼辦？

如果你必須推銷一個自己都不相信的點子，怎麼辦？我知道這實在很爲難，但是如果你眞的想成功，趕快找個不同產品、不同公司吧。當然，你也可以不這麼做。很多人工作只爲賺錢，當一天和尚撞一天鐘罷了。可是我必須說：如果你不相信你正在做的事，你也不會有動力瞭解顧客，以及這個產品對他們的價値。即使你有個好點子，你也沒有執行的活力。如果你是「驚恐武士」，可能光是每天逼自己投入工作，都需要對自己的產品有堅強的信念，更別提成功地推銷它。

請記住：如果你的所作所爲與你是什麼樣的人、你的價値觀一致，你對所提出的案子、你的點子、你的產品或你自己必然篤信不疑。我喜歡學生時代的科學訓練和研究，但是我知道自己並不熱中於此，學習因此變成取得學位的工具。我並非眞的喜歡關在實驗室，或不斷重複做實驗。我喜歡的是與**別人**互動，和**別人**溝通，向**別人**推銷。我的研究所指導教授讓我弄清楚這一點。成爲業務代表不僅開啓了那方面的基因，而且使它們能夠天天發揮作用。如果待在實驗室，我不可能得到那麼多樂趣，或取得今天的成就。我是天生的推銷員！

當你所作所爲是你的基因指揮你做，你會更自在，更快樂，更有活力，也更專注。無論你怎麼看待成功的定義，這些資質都會帶來你想要的成功。

7

擁抱拒絕的挑戰

學習喜愛聽到「不」

聰明的創業家會訓練自己想聽到更多，而非更少拒絕。

你怎麼會想聽到更多拒絕呢？似乎有違常理，不是嗎？

事實上，每一次拒絕都是有價值的。

理由是：任何銷售策略或計畫所得到的回答都包括兩類資訊：

是／否的資訊；爲什麼是或否的資訊。

是／否資訊是對方就你的推銷策略所做的回答。

傳統的思考中，是代表成功，否代表失敗。

是／否資訊是大多數人注意的焦點。

導出爲什麼是或爲什麼否的資訊的問題，

其實是擁抱拒絕的關鍵。

上了高中，我就知道，如果要上大學，我就必須找一份工作半工半讀。在A&P超市擔任理貨雜工，也許看來不怎麼樣，但是考慮這是第一份工作，加上我的老家，馬里蘭州海菲德市（Highfield）那種鄉下地方，它的薪水要好得多，而且這個地方的每個工作都有眾多競爭者。我知道我會有一場苦戰；身爲一個馬里蘭州男孩，我正跨州界競爭通常偏愛當地人的工作。沒有人知道我爲了得到那份工作拚得有多兇。高三下學期開始，每週至少跑一趟那家A&P，只爲了見那位經理。每個週五晚上，我會走到出納點收錢的小辦公室，站在辦公室的鐵欄杆前面。那位經理則用他那低沉的聲音說，「還沒有缺。」「還沒有缺。」

我會問，「你想什麼時候會有？」「不確定。再回來看看。」我們的固定對話持續了一年。但是我從不曾被那個「不」字嚇倒。我知道如果鍥而不捨，那份A&P的工作就是我的。到最後，我告訴他，「我下週就畢業了。」他說，「下週一下午兩點回來，你就開始吧。」

拒絕讓人不好受，但是它讓我可以上大學。整整四年，我的工作就是整理貨架和卸下拖車上的貨品。我因爲負擔不起住宿費用，只好開車上下學。通常，我做夜班工作，回家，洗澡，讀書，隔天一早再開車上學。因爲它得來不易，我可能比別人更珍惜那份工作，也更努力工作，並且堅持下去。經過這樣的磨練，後來在打電話推銷時聽到許多「不」時，坦然面對反而成爲輕而易舉的事。

創業家的挑戰很多，最嚴峻的一種就是處理拒絕和挫折。那需要某種與開始創業的決心不太一樣的東西。很多人具備創業的聰明才智（就像在我創業的同時，另外四位才華洋溢，創辦另一家廣告公司的對手）。**鍥而不捨不僅需要聰明才智，還需要膽識**。你可能對自己的想法充滿狂熱，但是如果被少不了的阻礙難倒，其實不會有多大成果。也許你會遇到不希望你成功，對你的想法嗤之以鼻的副總裁或其他人（眞有這種人，不騙你！）。也許你會發現免不了要與大同小異的新創企業競爭。也許你會在接觸新客戶時碰一鼻子灰。也許你的對象無暇思考變革或傾聽你認爲重要的事情。最可能的是，這些情況你全都遇上，而且還有更多難堪的經驗。

成功創業家就像蜂鳴器：他們停不下來。不像有些人似乎一受打擊就放棄，他們繼續不斷地轉動。即使每天的進展只有一小步，他們持續向前推進。有志者事竟成，那需要對你自己、你的才華、你的銷售能力，以及你所銷售的產品有十足的把握。有些人必須每天努力培養和提醒自己那些特性，天生的創業家則似乎與生俱來這些特性。他們利用拒絕的方式就像賽跑健將運用起跑器：作爲一種讓你頂著往前推的工具。

彼得・尤勃洛斯（Peter Ueberroth）因爲一次拒絕，具體地說，被解雇而成爲創業者：

> 「我其實有錯，但是當時我並不這麼認爲。我的工作表現非常好，但是在一項涉及一票部屬的重要決定上，我有不同於老闆的看法。當時的我才二十一、二歲，被告知要

向這些人發布兩週後解雇的事先通知。沒有商量餘地。我對老闆說，『且慢，在我請他們走路的那一天，他們得失業回家。他們根本沒有預作準備的機會。我們至少給他們四週的事先通知吧！因爲他們過去大量超時工作，我們也不曾給加班費。在艱困的環境中，他們一直有很好的表現。』雇主與我爭論。我後來回嗆他。我們（他和他的太太，我的太太和我）曾有一個週末到拉斯維加斯玩。我看過他一次下注的錢就比要多花在這四十幾個人身上的錢還多。我莽撞地說，『喂！我們談的只不過是上個週末的一次賭注。』這句話成爲壓垮駱駝的最後一根稻草。他說，『我邀你同行是我的私生活的一部分，你我都瞭解，私生活和公事是兩回事。你居然開始評斷我的私生活，這太過分了。你也列入要走路的名單中。』當你失去工作且是當場被炒魷魚時，你不免開始思考，如果做那些決定的人是你，情況也許會稍微好些。」

「拒絕總是傷人的，但是你知道它是躲不掉的。它就像一杯醇美的馬丁尼：七比一。你每被拒絕七次就會被接納一次。你知道事情就是這樣。你知道它是整個遊戲的一部分，而且它阻止不了你，也無法擊倒你。你不必刻意說我要從這次拒絕中重新振作。你就是努力不懈。」

拒絕認命的態度

很多人認爲，創業家擅長對抗拒絕。其實沒有那麼簡單。如果你把拒絕當成必須對抗的敵人，你已經輸了一半。你必須有種很不一樣的心態——把阻礙轉變成機會的心態。

如果你在遇到情況時說「我要對抗拒絕」，那形同試圖穿越一堵磚牆。爲什麼？因爲那只會讓你的臉皮愈來愈厚罷了。你不只必須極力擺脫挫折感，你還必須**接受**會被拒絕的事實，而且次數還可能遠超過你的預期，進而利用它們增強你對正在做的事情的熱度。擁抱拒絕意味著預期它的來臨，感激它，尊敬它，對它懷有熱情。你幾乎是**希望**它出現，因爲你已準備好要克服它。

明智地做好被拒絕的準備，有助於你確信本身產品的價值，以及你各方面的能力。比方說，如果你正面臨一場艱難的簡報會議，做好被拒絕的防禦意味著你要預見抗拒。你要想好如何回答各種質疑。在想答案的過程中，你也更清楚自己的產品或想法的價值所在。當遭到拒絕時，你必須能對自己說，「我要想辦法把不（No）轉變成現在（Now），或把不轉變成好，或把不減至最少，或根本不讓它們有機會出現。」

我確實很期盼週五晚上聽到A＆P經理的「不」。我知道隨著每一次拒絕，那位經理將逐漸與我建立起更親密的關係。我們彼此喜歡；他期盼我走進店裡。至少，我有把握他曉得我是誰！

前面提過，在創辦 Harrison & Star 的頭一年，大多數時間，我除了被拒絕，一無所獲。我打電話聯繫每位潛在客戶，對方不是不回電話，就是說很滿意現有的廣告代理，真有異動時會再聯絡。我知道自己不能屏息不作聲，否則會缺氧致死！因此，我會再打電話去提供點子，各種我認爲能幫他們打開品牌知名度的點子。整整一年，我們只拿到一筆三萬五千美元的案子。我們做這個案子還賠錢，因爲我提供額外服務，並擴增計畫內容，但是我們對它引以爲傲。它是我們的第一個孩子。

接著，十四個月後，電話響了！是瑪麗打來的。我從沒見過她，她不自我介紹的話，我對她究竟是誰，在哪家公司服務全無概念。但是，我絕對不會忘記她當時所說的，「有人告訴我你懂有關抗感染藥物的事情。」那個天使是我任職輝瑞藥廠時認識的一位醫學刊物發行人，他不顧一切幫我，推薦了我的公司。

瑪麗接下來問一個讓我的心直往下沉的問題：「你的公司有多少員工？」我知道誠實回答可能意味著這次對話將戛然而止。但是我也知道必須誠實。「四個人，」我竭盡所能自豪地說。瑪麗說，「這樣哦！我們都是找大公司談生意，不是跟你們這樣的小店打交道。這樣吧，如果公司有興趣，我會在下午兩點打電話給你。」

我太興奮了，以致那天打死也不外出吃午餐。不值得爲一個三明治甘冒錯過對方提早回電的風險，如果眞的會打來的話。令我驚訝的是，下午兩點整，電話響了。瑪麗打來的，她似乎同我一樣驚訝。她說，「我不明白這是怎麼回事，但是他們希望你來做簡報。我必須說，你可是名氣響亮。」我們去做了簡報。簡報中我們暢談經營理念，我們如何建立產品品牌，以及我們的成就。我們被邀請與其他更大規模、組織健全的廣告公司競爭，並且贏得第一個百萬美元以上的案子。Harrison & Star 搶下灘頭堡了！我們知道，如果能打響那個客戶的品牌，我們的公司也活了。我們兩者都做到了。那個客戶的品牌銷售量增加十倍以上。我們的公司也成爲產業中針對醫療保健客戶，成長最快速的新創公司。

像創業家般思考意味著預期且擁抱拒絕，並利用它作爲追求個人願景的動力，甚至讓你有更強烈的成功決心。我們爭取那個百萬美元的案子時所打敗的對手，正是一年多前拒絕我的廣告公司。那家公司的高層原本打算雇用我，因爲他們從我的表現紀錄知道，我能爲公司帶來更多生意。但是，在最後一刻他們改變主意。眞的是最後一刻：就在我抵達他們的辦公室準備簽約時，他們拋棄了我。

當他們解釋那純粹是經營上的考慮時，我並沒有生氣。但是，**它是一個轉捩點，幫助我瞭解到我不應該爲別人做事或仰賴別人**。我應該乾脆創辦自己的公司，並且按照我的方式做事。除了我的客戶，我大可不必回答任何人的問題。要說我歡迎那最後一刻的拒絕未免太矯情。但是，它無疑激勵了我追求我想要的願景。

儘管在一九八〇年代領導哈雷機車轉虧為盈，李查・提爾林克（Rich Teerlink）認為，打電話給素昧平生的人其實是一大挑戰。他覺得自己很內向，可是他正面臨了整頓財務，解救公司免於破產命運，以及後來公司上市的挑戰。「為了尋求財務支援，我冒昧打電話給華爾街每一個人，我敢說可能有上百家公司。我一直相信我們有一個動人的故事，最後總會找到願意傾聽的人。」

創業家如何處理不斷出現的拒絕？提爾林克說，「他們忘掉它。他們說：『我被拒絕了。好，沒關係。下一個對象是誰？』如果你老想著失敗或自己的缺點，我保證你事與願違，因為你正在浪費寶貴的精力。」你只要迅速從中學習，繼續前進！

如果成功是你的願景的一部分，你最好歡迎阻礙。它們是成功的踏腳石。如果你爬得愈高，阻礙愈難通過。它們變成了巨礫而非踏腳石。你的夢想愈大，排隊等著告訴你你是個瘋子的人愈多。正如第二章看到的，懂得提早處理問題是一個優勢。可是只有在你真的必須克服阻力時，那種天賦才會獲得磨練。那種試煉愈早出現，你的練習也愈多，你的能力便愈強。這有點像進化論。你的身體愈需要做某項動作，比方說，為了生存而直立行走，體內基因將隨之演化，使那項動作變得較為容易。我們從搞砸事情當中所學到的，絕對比順利完事所學到的多。畢竟，我們不會質疑為什麼某件事處理得很好。但是，如果是搞砸了，我們鐵定會想辦法弄清楚怎麼回事，以免下次重蹈覆轍。前提當然是，如果我們聰明的話，至少會這麼做。

切記，創業態度不光是有把握某件事情可行。那當然很重要。**但是，認清這一點的重要性還比不上，在問題出現時知道自己應付得了，最後將安然無恙且順利成功。**畢竟，每個人面對問題時的選項只有三種：解決它、忽視它或從中存活下來。知道自己有能力做到其中一項或全部，給予你接受拒絕並且擁抱拒絕所需要的復原力。

拒絕是創造信任的機會

聰明的創業家會訓練自己想聽到更多，而非更少拒絕。你怎麼會想聽到更多拒絕呢？似乎有違常理，不是嗎？事實上，每一次拒絕都是有價值的。理由是：任何銷售策略或計畫所得到的回答都包括兩類資訊：

- 是／否的資訊
- 爲什麼是或否的資訊

是／否資訊是對方就你的推銷策略所做的回答。傳統的思考中，是代表成功，否代表失敗。是／否資訊是大多數人注意的焦點。

導出爲什麼是或爲什麼否的資訊的問題，其實是擁抱拒絕的關鍵。它們讓你得以利用每次拒絕、每個拒絕的理由作爲一次學習的機會。是／否資訊關係到有沒有一樁生意可做。爲什麼是或爲什麼否的資訊則讓你周密地制定一項持續可行的策略，創造出源源不絕的生意。它能提供有關你的產品和顧客的資訊，讓你透過它們更深刻瞭解所有產品和顧客。像我這種廣告人正是依賴這類資訊，協助企業的執行長或行銷部門，訂出創新的行銷策略，成功建立公司和品牌，而非只是推銷出另一個電視廣告時段或DM宣傳活動。

這些例子正是你最好聽到更多而非更少拒絕的道理。它不僅給你機會回答對方的拒絕，還提供你更多爲什麼是或否的資訊。後者還可以幫助你下次拜訪或面對下一個顧客時，知道如何處理同樣的問題。有關消費者心理的研究顯示，如果你能讓原本不滿的顧客感到滿意，他的忠誠度通常高於從來不抱怨的顧客。如果顧客覺得你真心傾聽他或她的異議，並向他們坦誠說明，你較有可能贏得對方的信任。信任又能創造出比輕易推銷成功時更堅強的關係。

作爲一個藥廠業務代表，我絕不向病人推銷我覺得對他沒有幫助的產品。**有時，如果我覺得其他產品可能比較有效的話，我甚至會爲某些類型的病人推薦其他產品**。天啊，那樣做反而提升了我的銷售信譽！增強的信譽又減少了我後來必須克服拒絕的次數。這一切都與正直有關。過去幾年來，大家對一個人正直與否的影響應該已經有深刻的領悟。

我曾有一次大動作地展示信任的力量。當時區域經理陪我拜訪一位醫生。對業務新手而

是／否的資訊	如何取得爲什麼是或否的資訊
「我已經試過那個做法，我絕不會再那麼做。」	「你能告訴我你那次碰到的問題嗎？」
「我不需要你的點子／產品。」	「請給我一點時間談談這個新點子，或許它能滿足你的需要？」
「我太忙。」	「什麼時間對你會比較適當？」
「算了吧。」	「你確定嗎？」
「那不是我最想做的事情。」	「你的競爭對手會怎麼處理這件事情呢？」

言，那是最不自在的情況。我們進了醫生的辦公室，坐下來討論某種藥品的各種優點。突然，那位醫生厲聲對我說，「我絕不開那個藥。」他斬釘截鐵告訴我，我的藥比他用的其他產品貴太多。拒絕，而且還是在我的老闆面前拒絕我。

我把一份從醫學院圖書館找來的臨床研究影本，遞過辦公桌給他。我指著上頭列出來的每一種藥的成功率說，「那才是你的盈虧一覽表。你要看的不光是每一顆藥的成本。你的病人可能就是服這些藥，他們帶著同樣的毛病回診幾次？治療同樣症狀一次以上的成本效益又是如何？」那位醫生後來成爲我在巴爾的摩銷售責任區裡，最常開那種藥的醫生之一。

外向性：贏的意志

德賽斯佩德斯兄弟（Carlos and Jorge de Cespedes）當年從古巴前來美國時，卡洛斯十一歲，喬格八歲。兩兄弟離開父母，在專爲離鄉背井的古巴兒童設立，暱稱爲「彼得潘」（Pedro Pan）計畫的營區生活了五年。卡洛斯回憶，「你得靠自己，你只能從小就培養創業精神，別無選擇。」營區裡每個男孩一週有一塊四毛美金的零用錢，條件是他必須寫一封寄給在古巴的父母的信。可是對未滿十歲的男孩而言，這絕非自己最想做的事情。「大家只想拿到他們的一塊四毛美金，喬格因此開始代別人寫信。他寫那些信，一封收二十五美分。後來，他實在忙不過來，就把寫信的工作外包給另一營區的一票女孩。他付女孩十五分，自己保留十分。」

「每年夏天結束時，經營當地高中的神父會請我清空校內所有置物櫃。當時就讀那所學校的富家子弟非常多，他們的書都留在那裡。我們就把那些書帶回家。我自己買了十幾塊大橡皮擦，把書上的記號全擦乾淨，等到八月底、九月初當二手書出售。你可以想像九或十年級的孩子，一個星期就賺到五、六百元美金的情景。在六〇年代中期，對一個十四、五歲的孩子而言，那筆錢簡直是天文數字。」

兩兄弟後來前往史克美占公司（SmithKline Beecham）任職，這樣的創業精神立刻發揮作用，並且很顯然，他們發覺擔任業務代表所賺的錢有限。德賽斯佩德斯說，「我覺得我在浪費生命。喬格和我每週只工作約十五至二十小時，就已在全國四百個業務代表中拿下第一、第二名。沒有多大意義。我與上司們關係非常好，但是我知道，卡洛斯・德賽斯佩德斯不可能當上總部遠在田納西州必治妥市（Bristol）的英國企業的董事長。很簡單。他們絕不會讓一個古巴人來經營公司。你非常、非常快速地往上爬，你想在三十五歲時當上董事長。可是老闆把我叫到一邊說，『聽好，那是不可能的事。我們從來沒有過三十五歲的董事長。你是古巴人，你不是英國人，諸如此類說法。』我立即瞭解到，雖然我與他們共事了八、九、十年，相處也極為融洽，卻到了該另謀出路的時候。」

兩兄弟決定自行創業。Pharmed Group 如今已是一家六億美元的企業，專門針對醫院和其他醫療照護機構所需藥品和醫療用品，提供全方位服務的最大獨立批發商。他們也持有另外二十二家企業的股份。他們家族中是否世代遺傳創業精神？「通常是如此，」德賽斯佩德斯說。「它是諸多天賦之一。」

這種態度展現出一個關鍵的領導特質：外向性（Extroversion）。就心理學而言，外向性並不只是個性外向活潑。它在很多方面是神經過敏性（Neuroticism）的鏡像，反映出創業思考的一個問題。性格中遺傳大量外向性的人喜歡主導所處環境。他們偏好團體和刺激，而非離群索居和平靜。他們活力充沛。他們極爲果斷。外向性不只沒有與神經過敏性相關的負面想法和多愁善感，它還傾向以**正面**方式積極體驗人生，專注於外在世界，並相信靠一己之力可以影響世界。它也可能是我們性格中受基因影響最大的一個面向。

這是創業家的一大遺傳優勢嗎？沒錯。擁抱拒絕是因爲你決心要贏。如此堅決，以至於你的目光穿越眼前種種阻礙，努力爭取到你想要的一切。主導的渴望是外向性的基本面向。如果你喜歡領導，做決定，以及受到矚目，你可能遺傳了足夠的外向性。那些特性都是成爲天生領導人的人格特質。

不只一項研究發現，領導力的差異中大約百分之三十與基因有關。研究人員檢測六百四十六對雙胞胎發現，曾展現領導力擔任企業高階主管，主持專案計畫或活動的人，具有成就導向，個性堅強、果斷且有說服力，樂於領導，及勇於任事等共通的性格特質。這些特質都與高度外向有關。

對我們這些每天與創業家互動的人而言，這些發現沒什麼好意外的。但是，研究也發現，雙胞胎彼此之間，領導力和人格特質兩者通常是共通的。如果其中一位展現出這些特質，並曾有優異的領導表現，另一位通常也不差。具有相同DNA的同卵雙胞胎，在領導成就和人格特質方面的共同性，勝過DNA近似但並非完全相同的異卵雙胞胎。研究的結論是：基因因素解釋了領導力和導致領導力的人格特質的關係。領導力和基因之間的連結就是遺傳的人格特質。在另一項研究中，領導人的五大性格面向中，展現外向性的情形最一致。

但是，同一家庭成長是否也可能導致這類人格特質或領導模式的共同性呢？研究人員的回答是否定的。他們發現，一個人是否會成爲領導人或具有特定人格特質，共同的成長環境幾乎不扮演任何角色。其他研究也有類似的發現：就五大人格特質而言，家庭影響的重要性不如基因或同儕影響等家庭以外的經驗。事實上，有項研究也發現，家庭影響要對領導力產生最大作用，其實與孩子的獨立自主能力有關。換言之，他或她是否很早就學會在家庭之外獨立生活。

這些結果似乎印證了加拿大一項針對雙胞胎的「領導性格」研究。研究發現，外向性和勤勉審慎性不僅受到基因高度影響，也是預測一個人領導風格最可靠的依據。傳統的「指揮與控制」型領導人，比起講求信任、關心及授權他人的領導人，明顯較少勤勉審慎性和外向性方面的遺傳。

另一項針對五十位新創企業主管的研究，則注意到接受批評的能力。研究發現，他們比一般大企業的主管更能容忍批評。

金尼爾（Tom Kinnear）記得一個有關募款的笑話，淋漓盡致地說明了擁抱拒絕的概念：

「有個傢伙念大學時約會不斷。朋友們百思不得其解，最後終於開口請教。這位仁兄說，他約十個人，通常會有一個人答應。至於另外九次拒絕，他毫不在意。這造就一個優秀的募款人，也可能造就一個優秀的創業家。我至今據以成功或不成功的所有好點子，當初差不多都被創投基金拒絕過，還可能是以拐彎抹角的方式堅決拒絕，認爲那是個愚蠢的點子。」

遺傳高度外向性的人是天生的推銷員。如果你不是這類人，你需要瞭解它，而非自我解嘲或試著硬幹到底。瞭解它能讓你較容易思考種種技巧，增進既有的能力，而不會認爲自己是某種失敗者。神經過敏性高的人可能很難接受拒絕。這時候，他們更需要想辦法不被個人情感影響。比方說，他們可以提醒自己，把拒絕想成是一次蒐集資訊的機會，以作爲下次殷鑑。對他們而言，擁抱拒絕有如一場艱苦戰鬥，但可以藉此增進他們處理拒絕的能力。

儘管如此，有些拒絕確實較爲棘手。我如果不是生性外向，可能在創辦 Harrison & Star 之初，就被一件事情擊垮。由於當初離開輝瑞藥廠時，我的人際關係不錯，很自然地我認爲要拿到老東家的廣告業務不難。有一次，我與一些當年的同事聊起，並決定去見一位曾合作五年的老同事。在我的認知中，我們以前關係不錯。我離開後也曾幾次打電話給他，只是對方從未回電。當我順道造訪他的辦公室，提到曾經試著聯絡他時，他說，「是啊，我聽說你創辦了一家廣告公司。我不認爲你能成功，我不認爲你有本事成功。這是我不急於給你回電的原因。」

我驚愕不已，但是從中學到教訓：絕不要把熟人和現實的生意混爲一談。本書中的成功者都遭遇過類似的打擊，只是程度有別。他們得以繼續努力不懈的是，他們瞭解到，被拒絕完全不是因爲個人的問題。

成功啓動子：「打地鼠」基因

這種遊戲主要出現在鄉鎮市集的遊樂區，玩法是抓著一根大頭錘，盯著一張布滿洞穴的台子，等著地鼠小小的機械頭一個一個從洞裡冒出來時，狠很擊中它們。玩的時間愈久，地鼠探頭出來的速度愈快。那些玩得入迷的小孩爲了取得高分而一玩再玩。

創業家玩的就是人類版的打地鼠遊戲。要像創業家般思考，復原力是最重要的啓動子之一。即使你已有努力不懈的性格，仍然需要利用方法滋養它，使它保持在啓動狀態。如果你不是天生外向，如果你缺乏非贏不可的毅力，你甚至需要做更多練習，使自己能勇往直前，應付人生中種種厄運。你還得找到一份磨難最少的職業，如果你找得到的話。

我打賭，本書所有受訪者都有以下的經驗。當我與一位朋友談論本章的一些想法，她說，「每當我對某項專案計畫氣餒時，我就會想：『湯姆會如何處理這個情況？』這麼做能幫助我保持聚焦，鍥而不捨。」我很幸運天生具有鍥而不捨的個性。但是，每個人都可以想辦法變得更有韌性。你也許無法像有些人般擅長從拒絕中重新振作。但是，你可以改善個人的打擊率。畢竟，某人是天生的冒險家並不等於他的冒險行動都能成功。即使是天生的冒險家，仍得欣然接受冒險所導致的反面效果，並且努力不懈。他們需要擁抱拒絕，從中汲取教訓。

退一步，進兩步

創業的人都淸楚未來會有種種阻礙。事實上，他們並非做好一切準備才行動，也很可能才剛上路就碰到困難。

我不相信先進兩步，再退一步的說法。我認爲情況通常正好相反。如果你能連踏兩步才遇上路障，你眞的是走運。天生創業家與其他人的差異在於，創業家根本不管結果如何，都先做好被擊倒的心理準備，不過，他們迅速重整旗鼓，並且更接近他們的目標。

有位創業家朋友曾有一個想法，或說他的抱負。他準備提出一個深思熟慮過、簡單但重要的品牌打造計畫。然而，他的公司的母公司，若非不瞭解他的業務，就是不想因他的想法使大家相形見絀。充滿挫折下，他買回自己的公司，用心經營而且大獲成功。他對自己要做的事情始終有信心,也相信自己的做法可行,這樣的信念因爲被拒絕而強化（沒錯,被強化）。遭到拒絕和打壓的結果反而使他更接近創業夢想。我相信他的公司很快就會全國聞名。

如果跨出這些步伐是在克服障礙之後，那種快意又更難形容。八十六年來首度贏得世界杯（World Series）的感覺很棒，但是每個波士頓紅襪隊（Boston Red Sox）的球迷都會告訴你，二〇〇四年美國聯盟（American League）季後賽中，紅襪隊以零比三落後洋基隊（Yankees）之後，贏得歷史性勝利，更加令人雀躍。克羅斯說，「當我購買七六人隊時，有位老兄反對我，他也對先前另一個專案計畫持反對立場。當我最近向他提起，我打算製作一個電視節目時，他說，『沒問題，我服了。算我一份。』」

拒絕生信心

對佳能公司（Canon）而言，顧問報告的結論並不美妙。整個一九六〇年代，這個以相機起家的公司一直試圖創造出利潤更高的產品。影印機看似合理的選擇，顧問報告卻說，全錄（Xerox）公司憑著影印技術專利已經完全壟斷市場。但是公司研發部門的啓三山道（Keizo Yamaji）把它當成一項挑戰，一項機會。全錄影印機是走密集使用和大量影印市場。如果佳能可以走簡單功能的市場，研發小型、價格低、耐用的機器，不就能像全錄主導高階市場般宰制低階市場。明顯無法撼動的競爭對手並沒有嚇退山道的決定，終於成就了佳能在影印機／印表機市場的領導地位。

人們會說，「從經驗中學習。」面對拒絕時，過往經驗要有價值，唯有思考那個拒絕能爲你的未來，爲逐步展開的願景，爲最終期盼的結果帶來什麼助益。每一次拒絕、每一次挫折都會是指引你未來該怎麼做才會成功的路標。不妨這麼想：往者已矣，來者可追。如果能從學到的經驗和教訓中創造某種新東西，好比推出新的產品系列或更好的銷售策略，那就能從事後的反省中受益。前提是，你必須把被拒絕看成達成目標過程中又向前邁進一步。行動給予你追求成功的新機會，也建立起你的自信。放棄則不然。只有當你累積了許許多多的「不」，你總會得到一次「是」。

「打地鼠」基因的標記

- 你擁抱而非對抗拒絕。
- 你利用拒絕創造信任的機會。
- 你聆聽爲什麼是或否的資訊。
- 你做好退一步，進兩步的準備。
- 你從幫自己未來採取不同做法的角度看待拒絕。
- 你不問「爲什麼是我？」
- 你做好充分準備，協助自己下次在被拒絕前先行動。
- 你的所作所爲與願景保持關聯性。
- 你提醒自己已獲得的成果。
- 你努力不懈。

鍥而不捨並不等於漠視回饋。你要知道什麼時候該鍥而不捨，什麼時候又該換檔。我記得任職輝瑞藥廠時的首次客戶拜訪。我拜訪的是一位非常忙碌的醫生（還有其他類型嗎？），極不耐煩無用的廢話。我針對某種產科用藥才講了兩句話，他已氣得滿臉通紅，「別再跟我談那個藥。」作為一個新手，我從不問為什麼；我只知道他是當真的！我若無其事地把資料收起來，道歉，並且徵詢他能不能談談另一種療效極佳的婦科產品。我尊重他對第一項產品的本能反應，這讓他平靜下來。他邀請我下次再去。後來，他也採用了許多其他產品。我們實際上成了朋友。

換檔是讓你繼續前進。

讓一句話從你的詞彙中消失

「為什麼是我？」（Why me?）這句話保證讓你無法擁抱拒絕。絕對不說那句話，連想都不要想到那句話。

懂嗎？現在就忘掉它！拒絕似乎會讓很多人感到驚愕。令我不解的是當事人為什麼會驚愕。我忍不住要說，「為什麼不是你？」你眞的認為你應該沒有任何挫折嗎？你會是那麼特殊，以至於成為世界上第一個人生一帆風順、凡事心想事成的人嗎？說出「為什麼是我？」會使你的大腦完全無法思考。為什麼？因為你絕對得不到「為什麼是我？」的答案。不管你是否高度外向，你只會產生負面情緒。我不騙你：花再多的精力都找不出「爲什麼是我？」的答案。

貝利・吉本斯說，「企業領導人有點像五月花號的清教徒移民。每天早上醒來，他們面對的是地球上無人有過的挑戰：『我們究竟該如何處理這件事情？我們該如何……？』他們當時的做法是，早上醒來，好好度過一天。憑著有限的資訊，憑著利用雙手所能獲得的一切，他們度過那一天。第二天，他們醒來又同樣來過一遍。經營企業其實也正是如此。問題來了，設法通過考驗。你有時可以仰賴一篇文獻，有時可能受到某位大師影響，有時可能會想，『我的父親當年到底是怎麼做的？』你總會有一天，只能坐在辦公桌前想著，『該死，到底要怎麼做？我已經無計可施了。』但是你竭盡所能，並且度過那一天。」

隨時做好可能被拒絕的準備；如此一來，就不會讓拒絕把你擊倒。擁抱拒絕讓你有力量採取行動消滅它，或防患於未然。

取得更多資訊

大多數時候，「不」是指「時機未到」（Not now）。對天生的創業家而言，「不」絕非最後定論。它只是意味著，還有資訊尚待發掘，而那會把「不」變成「是」。

克羅斯在創辦連鎖運動診所時經歷過挫折。他說，反對者是懷抱創業思考的人追求成功的最大阻礙之一。「你興奮地大談這個新的夢想或願景。如果你所認識的人不相信，你一定很受傷。他們不一定正確，你也可能眞的相信自己的想法可行，可是受傷還是免不了。」

他遭遇過的最大挫折，出現在剛當上七六人隊總裁的新手時期。「第一年苦不堪言。我的樂觀蒙蔽了我。我眞的相信我們會在一夕之間成爲贏家。我雇用一位新手經理，他又雇了一位新手教練，問題只是與日俱增。這個經驗讓我學會，保持樂觀和正向思考是一回事，那也會給我帶來麻煩。我也學會需要以更多資訊、更多準備取得平衡。」

現在的他面對拒絕時已經懂得對自己說，「或許我沒有問對問題。」他把拒絕當成一個學習系統。「我不免會自我懷疑，但是作爲創業家，我們就是在試探種種障礙。在小小打擊中，我們做了更多功課。我們不會直接重蹈覆轍。你會有更多資訊重新面對它。」

與願景保持關聯性

NBC電視台《今日》（*Today Show*）節目中，麥特・勞爾（Matt Lauer）曾訪問艾力・克萊普頓（Eric Clapton）。勞爾在訪談的開場白說，「我愛我的工作，我愛我的工作，我愛我的工作！」他身爲克萊普頓的超級粉絲，明顯對這次訪談機會激動不已。我記得同一節目中，曾播出一段勞爾在記者生涯初期，站在一隻黑猩猩旁報導新聞的影片。我猜想，他當初報導黑猩猩新聞時，可能不會說：「我愛我的工作！」但是，他那時應該不是把自己看成是與黑猩猩聯合演出的角色，而是終有一天將採訪艾力．克萊普頓這種重量級人物的記者。

置身於爲自己所創造的圖像太重要了，原因是，它會給予你行事作爲的典範。在你逐步開展的個人願景中，如果下一步是讓你的餐廳成爲全球性加盟企業，你就必須把自己看成是一家加盟企業的領導人。想想星巴克的領導人會如何說服人們成爲加盟商？想想如何說服投資人拿錢投資你的想法？

放眼未來，立足當下

老伯格對挫折頗有體悟。他創辦先鋒基金公司，導火線就是一次公開的羞辱。當時他被威靈頓管理公司（Wellington Management）解雇，解雇他的不是別人，正是他當初策劃一項合併案帶進公司的伙伴。他一生爲心臟病所苦：三十一歲時一次嚴重心臟病發後，還被告知可能活不到四十歲。即使在一手創辦的先鋒基金公司裡，即使與董事會激烈爭論，他仍必須被迫遵守七十歲強制退休的規定。從那時候起，他開始對撼動基金創業的弊案直言不諱。

他如何處理在威靈頓被公開炒魷魚的痛苦呢？「那純粹是態度問題。**人生重要的不在於發生什麼事，而是如何處理發生在你身上的任何事情**。你可能被打敗，你可能得低聲下氣，你可能被羞辱，你可能被痛罵一頓，你可能被嘲笑，你可能遭人議論虛情假意，你可能被鄙視。問題是，這些很重要嗎？」

伯格說他處理挫折和拒絕有兩大法則。「第一個法則是活過那一天。首先是早上起床。如果你早上不起床，就不會有啥事情發生。然後，度過你的那一天。試著充實自己的生活，你家人的生活，你周遭同事的生活。學點東西。教點東西。有機會的話，做一件善事。如果你在一天當中做了那些事情，那麼，夜裡就可以睡得好。」

「法則二是：第二天重複法則一。」

與你的願景保持關聯性，並沒有免除你爲實現它而腳踏實地**做事**的責任。如果你沒有擁抱拒絕的先天性格，你就必須像創業家般冒險：不理會挫折，只管採取行動。只要它是你瞭解情況後所採取的行動，也符合你的願景，它將使你向前邁進。

赫曼・肯恩說，「我退一步想，『讓我看看這些拒絕的正面價值吧。』當時我們正進行教父披薩公司的融資性購併，我們爲金融家精心製作一場盛大簡報。沒有人感興趣。我們被拒絕了十八次。嘗試第十九次時，我們籌到了資金。」

「那純粹是決心的問題。有些人會在嘗試第十六或第十七次時放棄。如果你強烈、強烈相信你可以做到，你就會不斷地試。如果你不相信你自己，別試。你需要對自己有信心，但是要切合實際。我曾跟一些懷有偉大夢想的人談過，但是發現，他們的夢想與自身天賦不符。你得要誠實面對自己才行。」

切記：採取行動，努力不懈，這使你能獲得更多資訊，這會幫助你學習擁抱拒絕，並且克服拒絕。

重譜記憶

想個法子提醒自己會經獲得的一切成果。天生的創業家從錯誤中學習，但是，他們不會老惦記著錯誤。對他們而言，成就與所犯的錯誤一樣眞實重要。而天生高度神經過敏的人，可能傾向於沉溺在所錯過和做錯的事情。如果只聚焦於目前表現和預期目標之間的落差，你所獲得的任何進展都將被抹殺。創業家當然也會檢視上述落差，但是，僅止於藉以瞭解如何彌補該落差。

如果你容易有負面想法，就要設法找出一種能提醒自己檢視戰果的機制。克羅斯建議寫日誌，但是，附有成功備忘錄的布告欄一樣會有很好的效果。

拒絕呢？學習因它帶來的一切而歡迎它。它教導你哪些與個人成功圖像有關的事情，你又該怎麼培養這些能力？正如吉本斯所言，「可以選擇做什麼呢？呆坐？睡覺？不。你只需要說，『好吧，我不去那裡，我不做那件事。對了。接下來要做什麼？我的下一個目標是什麼？我們要往哪裡去？走吧。走。走。走。走。走。』」

8

營運的挑戰

拆解問題

任何實驗的第一階段就是釐清你想要達成的目標。
我要解決什麼問題？我想要追求的機會是什麼？
對研究人員而言，他可能是要發現基因
如何導致一個人得什麼疾病。
就創業家而言，則可能是試圖找出在未來十年，
基於特定重要人口結構、文化、購買趨勢等預測，
哪種事業最有價值。處理這個階段時，
要關照的不僅是你對這個特定問題有什麼看法，
而是你認爲什麼才是最佳結果。以我的創業爲例，
最佳結果當然是「能達到×收入，
而且未來十年屹立不搖的成功企業。」

當你遇到取得資金，爭取所欠缺的才幹，以有限資源找最佳做法或授權等問題時，可能已有一套固定的處理方式。很多人就是能膽識十足地快速做出判斷，並且得到正確的解決方案。有些人就必須斟酌，「好吧。這是問題，那是機會，我的直覺則是……」無論你的做法是出自直覺反應或是分析方法，主要還是與你的基因表現，你覺得比較自在的本能有關。

我生來就有一個分析性頭腦。在英文課上，我喜歡按文法結構將句子拆解。雖然我已多年未進實驗室，我還是會用科學方法處理事情。這種訓練讓我做起事來得心應手，也讓我瞭解到，在分析問題或機會，產生結論後，依然得經常回頭檢查自己曾做出的某些特定結論，以確定它們適用於當前現實的情境。這也驅使我不斷思考組織創新模式，無論當年對輝瑞藥廠、對我的醫療廣告公司，乃至目前經營的這家公司，莫不藉此保持它們持續領先競爭同業。我經常分析自己在哪些方面勝過其他同業，並且拚命強化這些方面的優勢。

可是即使你一開始大膽做決策，你在一定程度上還是需要對那個直覺決定做一些分析。這些分析也是盡快釐清哪些事情必須要做的基礎架構。在研究所時，我爲了方便記憶，給界定與處理科學研究計畫的做法取個代號ＰＯＨＥＣ。即使今天的我已經不再透過顯微鏡觀察細胞組織，這套做法在每天負起數百家企業或數千位人員或客戶的責任時，依然很好用。

ＰＯＨＥＣ是五個詞彙的縮寫。每個字母分別代表科學研究方法的一個階段：問題（Problem）、觀察（Observation）、假設（Hypothesis）、實驗（Experimentation）、結論／扼要重演（Conclusion/Recapitulation）。你可能好奇，在今天的商場上，它眞的還管用嗎？且容我先說明每個階段的意義：

P（問題）：任何實驗的第一階段就是釐淸你想要達成的目標。我要解決什麼問題？我想要追求的機會是什麼？對研究人員而言，他可能是要發現基因如何導致一個人得什麼疾病。就創業家而言，則可能是試圖找出在未來十年，基於特定重要人口結構、文化、購買趨勢等預測，哪種事業最有價值。

處理這個階段時，要關照的不僅是你對這個特定問題有什麼看法，而是你認爲什麼才是最佳結果。以我的創業爲例，最佳結果當然是「能達到×收入，而且未來十年屹立不搖的成功企業。」

O（觀察）：你一旦釐淸想要達成的目標，下一步就是檢查數據資料，協助你弄淸楚現狀，以及這些條件對你所期待的結果的意義。這是一個事先檢查的階段：蒐集有助於你做出有根據的決策、採取行動的資訊。你需要能形成洞察力的資訊。對科學家而言，這涉及找出與檢視前人已經做過的相關研究。研究人員可能從中發現哪些致病基因已經被測試過，所使用的方法又是什麼，以及研究結果是如何如何。對創業家而言，這意味著認識市場，瞭解市場內部各個競爭者的優勢與劣勢，分析自己的優勢與劣勢，以及注意別人如何解決問題。以我的創業爲例，這一步涉及到未來十年職場女性在人口結構的比例，或認識嬰兒潮世代年老後的需求、欲求以及其他種種趨勢。本質上，這涉及界定出你需要知道什麼，找出取得這些資訊的方法，以及瞭解它們的重要性。

H（假設）：檢查過相關資訊，研究人員會發展出一套假設，指出問題應該如何解決。在實驗室的那位老兄必須將研究鎖定在某個特定的基因，並且找出對特定疾病過程能提供有意義訊息的實驗設計。至於我們那位創業仁兄呢？他應該針對如何協助職場婦女兼顧家庭和工作，或滿足嬰兒潮世代成爲銀髮族後安享晚年的期望，檢視可能點出商機的相關資訊。創業家的假設就是一套行銷策略或營運計畫，以合乎邏輯的方式界定或重新定義一個市場，提高市場佔有率，或兩者兼備。

E（實驗）：當實驗人員要蒐集數據時，假設就必須被檢驗。實驗可能出現什麼樣的結果呢？將特定產品或服務導入市場時，特定閱聽人或金主的反應會是什麼呢？當這家企業進入一個新的目標市場會出現什麼情況呢？無論在科學實驗或創業實驗上，關鍵部分是，決定哪些訊息是證實或推翻實驗假設或營運計畫假設不可或缺的。在企業裡，那意味著選擇你用來評估成功與否的尺標。

C（結論）：一旦數據蒐集完成，研究人員或創業家就必須決定這些數據的意義。在有些情況，數據資料可能完全證實或推翻原本的假設。這時候，決定該項實驗究竟揭露了什麼訊息，可能是整個過程中最具挑戰性的部分。當事人通常必須重新走一遍ＰＯＨＥＣ流程。如果假設正確，那麼下一步是看這個實驗是否可以應用在其他情況，換言之，對該基因的作用提出新的假設。如果假設不成立，研究人員必須找出哪裡出問題，爲什麼出問題。這意味著創造一個新的假設，重新設計實驗，檢測新的假設。

對創業家而言，結論可能並不明確。當事人必須問，是否假設本身有問題，或它所經歷的創業風險或市場測試太一般化？我前面提過，天生創業家的能力就在於，即使環境險惡依然信心滿滿。我認爲那很像科學研究人員，他們二話不說，從頭來過，重新檢測根據新資訊所提的假設。在假定蒐集資訊的過程沒有問題的前提下，鎖定的問題或機會還不需要改變。然而，有可能需要根據新數據擬定新的假設，換言之，提出處理相同問題的新方法。這就是

POHEC流程簡述

界定問題
觀察數據
提出假設
實驗並觀察結果
做出結論，並經常回頭檢查，確保依然適用

所謂「扼要重演」(recapitulation) 的部分：經常回頭檢測或挑戰先前的結論，以確保這個結論依然符合變化或新的訊息。

事情其實沒有前面說的那麼複雜，也不應該造成你「分析癱瘓」(analysis paralysis)。且讓我帶領你走一遍，充分瞭解POHEC如何應用在我的廣告公司，並獲得具體結果：一九八八年創辦的醫療教育企業。

問題：當我創辦 Harrison & Star 時，業務是醫療保健廣告。八〇年代晚期，我發現，客戶在傳統醫療廣告的預算正逐漸縮減，那也是我們最核心的業務所在。我們必須設法增加新的收入，以因應廣告客戶調整預算，改以其他方式接觸我們在醫界的挑剔顧客的做法。

觀察：我愈與客戶討論就愈發現，客戶開始花很多錢在醫療教育上面：與醫師就醫學研究與科學新知，乃至於藥品開發，特定藥品如何衍生新用途，持續進行溝通。

假設：有一天我與合夥人用過午餐回辦公室的路上，我說，「我們另外成立一家醫療教育公司，該取什麼名字好呢？」於是兩個人就開始思考這家企業的名字。我說，「好吧，我們的廣告公司名字是 Harrison & Star，就從H&S開始想吧。」當時我們正走在第三十六街和公園大道附近，我喊出：「HS，健康科學 (Health Science)」。那個下午我們回到辦公室，並且成立了一家新公司：健康科學傳播公司。

實驗：開始時，我們把健康科學傳播公司與廣告公司連在一起，服務相同的客戶。新公司有成長，可是成長有限。接著，我們試著把它與廣告公司分開，容許它發展廣告公司客戶以外的企業，這麼一來，公司業務蒸蒸日上。健康科學傳播公司規模翻兩番，接著又翻兩番，接下來，沒錯，又翻兩番。

結論：我們當然對這項實驗的結果欣喜若狂。我們的假設是正確的，今天，健康科學傳播公司也是同行中最大、最成功、成長也最快的公司。很清楚的，這麼做符合我們要延伸業務的需求。這個模式後來又被操作一次，用在開設另一家新公司，鎖定直接訴求消費者的醫療保健廣告。同樣是活力驚人。那個領域從原本乏人問津，搖身一變成爲醫療保健廣告產業中每年數十億美元的重要環節。這家直接訴求消費者的廣告公司一開始也是放在 Harrison & Star 之下，如今隸屬於一家位在紐約市的全國性消費者廣告公司，也是角逐任何最大、最重要的消費者藥品廣告預算的主要競爭者。截至目前爲止，扼要重演過程也顯示，當初的結論依然有效。廣告經費轉向的問題，透過觀察，假設，實驗，創造出一家業界最出色的消費者廣告公司。

POHEC有時也可能無法按部就班進行。有時候是靠觀察引導出問題界定，而不是先有問題再做觀察。不過，運用這個方法時，每個步驟都應該走一遍。

縮小現況與期待之間的落差

像創業家般思考，其實就是要縮小落差。市場中的落差。你擁有的與需要的資源之間的落差。你目前的技能與下一步發展所需的技能之間的落差。基本上，你會希望將需要的東西變成沒那麼重要的東西，因爲你要不是已經擁有，或找到替代品，就是設法讓它們變得沒那麼重要。

要將現實與期望拉近，有幾種做法。你如何選擇要看你天生的基因組合、你的資源、競爭的態勢，以及市場而定。

創造

這個部分再清楚不過了。當你意識到市場需求有亟待塡補的部分，很自然就會往那方面思考。創新不見得是最容易塡補這個落差的方式，但是一旦你正確做到，卻最能持久。

在醫療保健產業，有些製造廠商很強調醫療成本和健保病人負擔能力之間的落差。這導致他們推出健保折扣卡（Medicare card discount）。我覺得這眞是高明又有創意的招數，尤其當許多上了年紀的病人必須持續服用多種藥物的情況下，這其實是兼顧成本效益，又讓病人選擇它們產品的好辦法。這些卡上面有病人用藥的品牌，成爲非常重要的資訊。這些企業以表現社會責任態度，成功定位品牌和企業本身。這是認同具體重要議題的高招。這些行銷人員其實早已經看出他們的做法具有多重效果。

創業家的創意不只表現在產品開發或行銷策略。你的創意中最重要的部分是，發展出一個可靠的消息來源網絡，好協助你填補落差。如果缺少或疏於經營這個網絡，你在分析如何填補落差的能力就不出色。你會缺少有價值的訊息，也沒有能力找些你信得過的人檢測假設。你的資源圈必須大到有統計上的意義，但是又不能大到很難運作。那會造成只討論沒行動的慣性，不停地思考，再思考，想得沒完沒了。

整合

當你創辦一家公司，大處著眼，小處著手。這是什麼意思？如果你要開公司，你需要思考合理的情況下，這家企業的規模可以有多大。這與你即將進入的市場規模有關。即使你不希望大張旗鼓，你還是要想得長遠，確保你不只看到市場，還知道接近它的方法。聽起來好像有些多慮，但是如果市場太小或根本進不去，還是應該再三思。你可能創造一個有利基但是沒有未來的事業。如果你不從大處著眼，別人卻這麼做了，你等於敞開大門，任憑跟進的競爭者威脅。有人可能因此後來居上。那多遺憾啊。

然而，如果你希望點子能在可控制的範圍內翱翔，你就必須小處著手。老伯格說他打從一開始就知道，「先鋒基金公司的成功關鍵是，如何保持緩慢的成長。」開辦企業意味著創業家要做非常非常多個人專長以外的事務。然而做得到的人其實不多。你必須面面兼顧，直到負擔得起找人負責營運或財務，或接手管理事務。不到那一刻，別想要打造一個龐大事業。

即使你已經有能力聘用更多有才幹的人員，你仍擺脫不了整合人員、能力、資源和想法的工作。只是這時候的你是站在較高層級的位置上。即使這些工作能夠委託他人，創業家的本質還是一個整合者，仍須念茲在茲，找出不足之處，設法塡補它們。企業無論有多偉大的願景，仍要以核心業務作爲所有事務的指揮中樞。多元化會爲組織帶來新點子、新人才、新能力。採納可行的新點子則是一種創新，讓人類數千年來不斷進化，生生不息，也同樣適用在企業上面。

特蘭科技創辦人麥克尼爾（Titi McNeill）經營企業，強調的是紀律。她在決定公司是否需要爭取一個新案子時，會應用一套最嚴苛的條件。除非所有條件都吻合，否則不輕易出手。「說穿了不過是賭得高明，賭得正確罷了，像我們這樣的小公司，資源當然有限，如果你什麼機會都想抓，最後是把自己累垮。我們試著做聰明的事情。我們會檢討所有徵求說明書(REP, Request For Proposal)，所有機會，看看本身能力是否吻合每項條件。這也等於看清楚自己是否有適當的資源和經驗，是否懂得客戶和他們的需求。接著我們給自己打分數，瞭解我們必須承擔的風險、我們應有的表現，以及我們如果成功拿下這個案子，必須培養出什

POHEC基因的標記

- 拿必須解決的問題來發展自我的問題解決能力。
- 以創造、整合、協作、授權或淘汰等方式，填補資源與技能上的落差。
- 不要大肆宣揚。
- 使用POHEC分析方法對抗負面思考。
- 經常檢查結論以確保依然適用於現況。
- 經常運動以避免壓力導致記憶衰退。

麼樣的人才。我們試著多花心思評估需要付出什麼代價，而不是搶、搶、搶。這個模式讓我們少受很多苦。因爲如果我們去搶自己不夠格的標案，我們每次都會失敗。」

協作（Co-Operate）

這裡的協作並不是爛好人（Nice Guys）所說的與人爲善。協作不是合作。「協作」的意思是，**當你與伙伴共事時，你能填補本身不足而獲利，對方也能因爲與你一起工作而得到好處。**對那些必須爲事業點子找資金的創業家，這一點尤其重要。你得到創投公司或投資人首肯的那一刻，也就是對方希望在你的事業佔有一席之地的一刻。創投公司或金主的形態很多。他們可能只想做小幅度干預，也可能大舉進駐。這意味著你不能隨心所欲地經營這個事業；你要不是聽命於某些人，就是受雇於這個事業。如果你能找出方法與別人協作，由對方以其他方式出資或帶來某些利益，你在營運上就會有更多彈性和自由空間。我一直認爲我與客戶是種協作關係。如果我們在協助對方的成長策略上表現良好，我們的事業也會隨之成長。

在概念上，協作也是爲了塡補本身技能不足之處。我是個點子王，在執行面就沒有那麼出色，至於財務方面更不敢說有高手實力。如果要成功，你的組織內部絕對需要協作，找出並評估你的伙伴的強項，以及你的缺點，並讓它們形成互補。

協作也是避免爲了塡補落差，凡事花錢買的最佳方式。塡補彼此之間的相互需求，不僅能解決營運上的問題，還能創造其他方面有價值的結合。一九九〇年代晚期，許多創業型高科技公司受惠於賣方願意讓它們以貸款方式購買設備。雖然這些貸款大都因爲那些企業破產而付諸流水，整個模式仍是創業家進行資源協作的典型例子。這是商場上的共生關係。

發展協作關係時，你必須弄清楚伙伴或合作企業的DNA是否相容。你最不需要的是合不來的組織文化或個人性格。不過，相容性不等於完全一樣。我看過很成功的人相邀合夥，他們在思考做法上高度類似，卻以拆夥收場（他們有種當著顧客的面爭執的傾向，也是一種保證失敗的模式）。你需要的不是複製對方。你們的相似性應該在惺惺相惜，對互補性能力的尊重。文化是支撐企業的基礎，性格特質本身就是才能。它們絕非整個賽局的一部分。它們就是賽局。

授權

前面提過，你會在生涯的某個階段，由一人整合者發展成為多人整合者。換言之，你成為一個授權者。這麼做讓你重回到身為創業家應該要做，也最喜歡做的事情——思考偉大點子。授權非常具有挑戰性。當你由整合者變成授權者時，原本讓你相信自己能見人所未見的特質，反而成為問題。有些人就因為認定整件事情是個人作品，而傾向認為別人不可能做得比他們更好。

我相信，如果不是開家小雜貨店，你要成功就必須具有天生的授權本能，把事情交出來，授權別人做這個那個。如前面提過，當你創業時，你就是這個事業。當你的公司成長時，你要不是受困於營運業務，動彈不得，要不就是被迫將自己擅長的事情交出來，或開始雇用能與你形成互補的人才。這是一個截然不同的階段。對於比較神經質的人，這個體認尤其必要。如果你不試圖雇用能力與你互補的人，你不只無法做出有價值的判斷，也會疏於鎖定下一個偉大點子。

創業家一般擅長思考與冒險。你必須告訴自己：「我必須花時間做的，必然是能讓我們最成功、賺最多錢的事情。」一般說來，它絕不是聚焦於營運作業，而是向外看，鎖定客層需求、市場需求，以及可能影響前兩者的種種趨勢。它是聆聽你的資源網絡。它是不斷運用POHEC流程，百分之百地確定自己超前競爭對手。你不只是分析、模仿別人的最佳實務做法，而是訂出成爲佼佼者的策略。

要確保精力用在正確的地方，不妨採行我常說的前滾式預測（rolling forecast）。**隨著你的事業成長，經常試著將百分之二十的時間，從比較沒有生產力、事務性的工作，挪到能讓事業或個人生涯更有進展的領域。**它可能是界定出新的機會或客戶，發展前面提到的協作伙伴關係，或開發一個新產品。你應該持續思考，如何將與公司發展最無關的工作授權給別人，把多出來的百分之二十的時間和力氣用在事業或個人生涯成長上面。持之以恆，你就愈來愈能授權。

請把你的事業想成一列火車。守車（譯註：專供貨車車長及其他隨車人員乘坐的車廂）當然是必要的，引擎則是列車前進與否的關鍵。你應該想辦法把更多時間放在機房，而不是守車。至於授權比重多寡，其實沒有授權本身的概念重要。

火車開動啦！

淘汰

創業家在解決問題上另一個重要任務是，拿掉不必要的部分。經驗法則是：**如果不需要就不要**。這又回到「大處著眼，小處著手」的道理。許多創業家忽略了，計算開支絕對比預測收入容易這個簡單事實。他們花力氣斥資打造很體面的辦公室，卻忘記這類固定成本除了增加例行開銷外，其實無助於企業競爭力。一旦收入不如預期，這些固定成本就會讓企業陷入困境。

對自己的想法有充分信心，就不至於偏離正軌。如果你能省掉許多與企業發展不相干的開銷，才有可能縮短企業現況與預期目標之間的落差；盡量讓事情簡單化吧。我聽過一個最荒謬的例子是，有間小型出版公司的老闆，用人不惜高薪，可是在準時償付員工健保津貼上卻常捉襟見肘。

我也看過許多企業家與顧問如膠似漆，不惜重金聘請顧問，久而久之，這導致自己的能力退化。顧問會提供非常多的訊息，有些很有價值，有些則沒多大用處。然而，空有想法不會成爲事實，行動也一定會遇上障礙。切記，一定要養成自己先把事情想透徹，然後再向外界專家請教的習慣，這是發揮你天生分析能力的關鍵。如果不啓動天生分析能力，你會上癮的將不是成功，而是顧問。

填補落差也需要創業家排除不相干的事務，聚焦於達成個人或企業的下一步應該採取的行動。這裡面涉及到面對訊息的反應能力。由於緊急事務常排擠掉重要事務，你接到訊息時首當釐清的，其實應該是「我現在被要求做的究竟是急迫性的，還是眞正重要的？」這至少能讓你明白兩者之間未必是同一件事（事實上它們經常是互相排斥）。如此一來，你就能找出最有效的做事機制，把力氣用在最主要的事務，而不是陷在泥淖中掙扎，忙得暈頭轉向。你應該把最急迫的事情授權出去，認眞思考重要事務，並且採取行動。

再好的點子遇上差勁的執行也是枉然。有些人很幸運，生來兼具想法和執行力。大多數時候，創業家在推動事業或個人生涯達到下一個目標時，都必須在技能、人格特質、資源及所需資訊方面截長補短。他們必須非常清楚落差在哪裡，創造一個個人行銷計畫，並且分析落差，以填補這些不足之處。

即使是天生的創業家，有些地方你還是需要本能以外的其他條件。密西根大學的金尼爾教授曾經指導過數十位新秀創業家。他說一般會犯的錯誤，不外乎自認爲當個創業家是很容易的事情。「你因爲自己的點子很棒，就認爲會得到資金挹注，運作起來也不成問題。〔人們〕一般會低估人事問題，以及成功推動事業所需要投下的時間和心力。知難行易是種錯誤的概念，也很容易在創業者身上發現。因爲他們認定這是比較容易的成功途徑。我倒認爲這可能是最難的途徑。因爲你無依無靠，沒有哪家大企業會當你的保護傘。」

基因與解決問題能力

關於基因如何影響我們解決問題、分析市場、開創事業或爭取資源的能力，一直是個非常複雜的研究領域。可以肯定的是，科學家在「智能」如何建構而成，又該如何評量上面，並沒有定論。此外，因爲人類認知能力非常複雜，要釐清它們與個人基因的連結，更是難上加難。研究人員目前找出大約一百五十個可能有影響的基因，因爲它們多少會影響人類認知，或果蠅、老鼠的學習與記憶。可是仍有數千個基因也可能有關。科學界估計基因對解決問題能力的影響比重，從百分之四十到八十不等，近來較能被接受的看法則是大約百分之五十。這還不包括人格特質可能如何影響記憶、邏輯、處理訊息速度等複雜的認知功能。因此，科學家在試圖找出基因在解決問題上如何作用或不作用時，刻意將人格特質拿掉，也就不足爲奇。即使如此，科學仍無法對學習、經驗或後天培養如何影響「智能」(intelligence) 提出解釋。

不過，這裡可以提出一些科學上，有關基因如何影響問題解決能力的初步發現：

- 基因相似度愈高，智商也愈接近。在不同家庭成長的同卵雙胞胎（基因相同），與一起成長的同卵雙胞胎，智商接近程度相去不遠。接下來智商比較接近的是異卵雙胞胎。

兄弟姊妹的智商差距又次之。親子之間更次之。基因與智商兩者的相似度同步遞減，至少說明基因對智商有某種程度的影響力。

- 基因會影響腦部發展，因此也可能影響分析能力。有些人的灰白質（gray matter，專有名詞）比較多。近來一些研究比對核磁共振影像（ＭＲＩ）與智商高低發現，腦部灰白質似乎與一般智能高低有關。智商愈高，灰白質愈多。另一個以核磁共振影像比對智商的研究也發現，基因關聯性愈高（比方說，同卵雙胞胎之間），腦部烙印程度與智商的關聯性也愈高。
- 解決問題與分析資訊也涉及運用經驗協助研判未來。科學家根據研究顯示，特定基因有助於創造長期記憶，因而研發一種增強記憶的藥物。新的經驗會啓動該基因，協助腦部細胞產生連結。核磁共振影像也顯示，另一個基因的變異攸關神經元成長，也會影響人們記憶事件的能力。
- 過去幾年間，科學家找出與精神分裂症等疾病相關的特定基因。這些基因可能減弱記憶與理性思考過程。研究人員因而推論，這些基因可能影響正常的智能表現。
- 基因會隨年齡而產生愈來愈大的影響力。在年長者中，家庭環境對智商的影響似乎會逐漸減少到毫無作用，但是基因的影響卻會逐漸增加。以中年人爲例，智商方面的差異大約百分之八十與基因有關。

如果某種做法使你達到預期的結果，你的腦部就會產生連結，將該訊息儲存下來，以備下次解決問題時使用。基因的作用就在啓動這個過程。如果我們記不得觸火會燒傷或老虎是種危險動物這些事實，我們大概還未進入新石器時代尼安德塔人（Neanderthal）階段，更不用說進入無線傳播的時代。我們的大腦會將一切行得通的事情編碼記錄下來。每次我們進行複雜的市場行銷分析，或想辦法說服某位可能成爲主顧的人，我們的基因就會促使大腦建立迴路，協助我們下次碰到類似問題時得以應用。

就像探討基因對性格的影響，必須謹記的是，即使智能可能有遺傳性，並不意味著基因的影響就不能被改變或改善。研究人員即使發現基因、智商、腦容量之間關係密切，他們依然承認並不清楚其間的作用模式。也許是灰白質較多導致智能較高，或是正好反過來。例如，智能高的人可能傾向進行一些刺激腦部建立新的連結，也產生更多灰白質的活動。也因此，逐漸增加每天活動的複雜性，如多重任務，乃至自己想辦法解決電腦的技術問題等，都有可能幫助腦部發展新的腦神經迴路（這麼做至少有益無害）。

此外，智能似乎有兩種類型。一類被稱爲「流動性智能」（fluid intelligence），它是從孩提時代就開始增加，成年時達到穩定，年老時又開始衰退。這類智能主要表現在「現場」推理和解決問題的能力，與基因有比較高的關聯性。另一類智能被稱爲「穩定性智能」（crystallized intelligence）。它涉及後天學習的能力和知識，會隨年齡和經驗增長而增加。你即使受限於前者的先天限制，仍然可以透過鍛鍊，培養後者的表現，產生平衡。

有句老話說：「薑是老的辣。」我喜歡把「辣」改為「有經驗」。這麼說也是希望你明白：解決問題的成功經驗有助於彌補先天的不足。不過這也是雙面刃。「穩定性智能」有可能讓人變得墨守成規，連原本年輕時還會冒險的人也愈來愈不願意冒險。我推測也很好奇的是，是否一個人先天的「流動性智能」使得冒險天性從小就被誘發，一旦年紀增長，改受到「穩定性智能」主導時，就又從此消失。有可能是這樣嗎？

即使基因在我們的認知能力上扮演一定的角色，學校時期的成功未必預告後來現實世界的成功。在我的經驗中，遇到問題自然就會發展出解決問題的能力。我認識許多出身豪門的人，雖然有許多大好機會，但總是錯失良機，只是一再重複舊的行為模式。不騙你，如果智商高是我唯一的遺傳資產，那我可能還整天在實驗室裡與老鼠打交道。人能突破先天限制的關鍵，就在於成功啓動子會在這裡面產生重大影響。

在應用分析技能解決問題上，我們得自遺傳的五大人格特質必然扮演一定角色。如果你很神經質，容易沮喪，要把自己從情緒中拉出來，縝密思考事情，似乎很困難。勤勉審慎的人則會按照能力去規劃和組織個人的行為，以實現或達成某一目標。如果你在這方面傾向很強烈，你遇到問題時一定與它死纏爛打，不解決不干休。我在勤勉審慎方面的表現就很差勁，我老爸經常說，「湯姆，除非你能把事情做完做好，否則就別碰它。」我想，我們天生就兼具各種人格特質。這一點眞的很重要。

我無意針對聰明來自遺傳或後天這場大辯論做定論。我純粹認爲，對創業家而言，運用

別混爲一談

好點子	等於	好產品
好點子		好時機
好點子		好事業
我能做		我必須做
這件事必須做		做這件事是對的
行動		成就
拒絕		失敗
取得資金		事業已成
幸運		技能
好心的朋友		眞正的顧客
偉大點子		你的點子大受歡迎

周密分析來解決問題，絕對是一項重要的能力。雖然基因可能影響我們是否天生傾向那麼做。可是無論與生俱來的解決問題能力強弱，除非我們反覆鍛鍊這種能力，修正、改善它，再多天生資質都沒有幫助。俗話說，不用等於沒有。在解決問題技能方面，並沒有威而剛這類特效藥。

這一點，家庭倉庫的馬庫斯說得最貼切：

「家母常說，如果肯多動腦筋，就會隨時間變得愈來愈聰明。我因此相信心智就像身體肌肉的理論。很多人就是不肯用它們。這些人也進商學院，也學個案分析，但是總是等著別人來告訴他們，這些案例該如何解決。他們並未培養出自己解決問題的能力。事實上，當你自己好好想過，也能想出相同的解決辦法，但是那是透過你的思考過程發展出來的。你就在鍛鍊自己的肌肉。這些都是能幫助你思考的肌肉。作爲創業家，你總是會碰到始料未及的挑戰。在零售這一行，我總是碰到以前從未碰過的問題。相關書籍裡面沒有類似的情境，幫不上忙；你向同業請教，他們則說，「我也沒碰過」。這時候你就必須調整自己的心智，自己設法解決問題。因爲這時候你不可能重回哈佛商學院，找出哪個個案中提到這個問題。你得運用自己的常識，瞭解問題，縝密地思考，想出各種可能的解決方案，以及它們之間千絲萬縷、錯綜複雜的關係。對創業家而言，這是非常非常重要的能力。」

不只完整思考問題的**能力**攸關重大，同樣重要的還包括**渴望**這麼做的企圖。我認爲這些都來自你的基因。

成功啓動子：POHEC基因

你愈常操練自己的解決問題技能，就會愈幹練。如果你天生具有分析傾向，當然會占不少便宜。如果沒有，你就需要找出彌補先天不足的方法。

認識自己

你最重要的分析能力，就是認淸你特有的資質組合，那也是你特有的「成功基因」組合。進行這類分析能讓自己淸楚，你有什麼，又缺少什麼。你應該回頭檢討你在五大人格特質上的表現。先不問你在每一項的得分表現，深入思考它們對你強化個人能力或整體事業的意義。你也應該思考既有與所需要的人格特質之間的落差，並且借助伙伴截長補短。你的分析能力或許不足，但是至少應該好好分析，認淸自己。

低調

與上述分析能力相關的還包括分析時不張揚的能力。如果你沒有自知之明，又任性而爲，全世界的研究成果也幫不上忙。你碰到的問題中必然涉及個人的人格特質，而那會影響你想要怎麼做。努哈斯回憶他錯失購併CBS（哥倫比亞廣播公司）的良機，原因就出在他並沒有用心思考那個面向：

「你必須敢於做夢也敢做大事業，但是如果你希望競爭者或潛在買主如你所願地談成交易，你就必須管好自己。在我擔任甘納特媒體集團董事長兼執行長期間，CBS財務出現問題。那時CBS是由湯姆．懷曼（Tom Wyman）負責，而透納（Ted Turner）主動提出要購併的提議。CBS並不希望被透納購併，因此轉而尋找更理想的合作伙伴。我認爲這是甘納特買下CBS的大好良機，因爲甘納特雖然規模略小於CBS，但是股票價值表現比較佳。幾個月的低調接觸下，我們設定了合併的基礎，整個案子只差臨門一腳，由我和懷曼一起向各自董事會報告，取得這樁交易案的認可。我的自大狂在那時發作。就在CBS和我們集團的高階主管面前，我犯了一個錯誤，告訴他們我將負責合併後整個事業的營運。在這方面，懷曼和我事前也已經有共識，我將擔任董事長兼執行長，他則出任總經理兼營運長。我的錯誤在於沒有讓他來宣布這件事。當我向該公司高級主管宣布時，他立即意識到這個訊息的震撼效果。他轉趨低調，內部重新檢討這個案子，並且改爲向外募集資金對抗透納。」

「整個事情的錯誤在我。我的自大狂搞砸了這樁交易。當時的我還年輕，五十出頭歲而已。我只想到自己是那麼的天縱英明，包括CBS的老闆在內的每個人都必須承認我除了囂張外，能力也勝人一籌。如果我能管好自己的大嘴巴，讓對方自己產生相同的結論，這個案子其實可以成功。」

分析以保持聚焦

諸如POHEC等正式的問題解決方法，可以協助你避免因負面思考而分心。運用合乎邏輯、嚴謹的分析也能讓你鎖定前瞻性，瞭解你解決問題的可能做法，而不是坐困「如果發生……怎麼辦？」腳本中一籌莫展。如果你認爲自己是神經過敏這一型的人，這套方法格外有幫助。

經常回頭檢查自己的數據

應用這套科學方法，你需要經常回頭檢查自己的數據，確定你的評估是正確的。你要進行扼要重演，評估新出現的數據資料。如果你視而不見，你就不可能因應內部出現的刺激反應，保持彈性。商場與市場絕不是靜止不動的場域。你必須夠機靈，注意未來兩、三年或更長期的市場需求趨勢，以及如何進行自我修正以捕捉這些商機。

你必須承認自己的期望與現實之間是有落差。金尼爾指出，創業家常見的問題是，錯估他們的創意被採納的速度：

「多少創業家想破腦子不知如何達成的心願，卻有人爲一家汽車廠想出一個可以省下數百萬美元的創意，可是因爲無法排除障礙導入試用階段，結果功虧一簣。這個點子其實已經被證實完美可行，可是因爲整個組織非常憎惡新做法的風險，因此一直無法進入執行階段。討論變成沒完沒了。就以利用網路付費爲例，你會說，『這個點子眞棒，既合理又簡單。』可是你也必須自問，『人們需要多久時間才會接受這套策略？整個市場中，有多少百分比的人會接受這個點子？』大多數創業家高估了事情發生的速度。我必須經常提醒他們，『如果你頭一年的業績是原先預估的十分之一，從接受到銷售需要兩個月的時間，你做的任何預測都應該加上兩年的落差期，因爲顧客不一定馬上接受，即使稱許你的點子的人也不一定就成爲長期買家。在這樣的情境中，你的經營模式如何成功呢？』」

運動

當你承受很大的壓力時，腦部會釋放可體松（cortisol），那會影響記憶等認知功能。長期刺激高量可體松的釋放，也會導致腦部的永久性改變。神經細胞會收縮，處理記憶的海馬體（hippocampus）停止產生新細胞。如此一來，這又讓腦部在未來更難控制有減輕壓力作用的可體松。運動似乎有助於腦部控制可體松的釋放程度，增加腦部的氧。如果你想要思考清明，離開座位開始動一動。

如果你是天生的創業家，營運本身並不是很大的挑戰。爲什麼呢？因爲所有天生創業家的特質都有助於你面對困難，或將它們授權出去處理掉。如果老天並沒有給你這樣的本錢，絕大多數創業家也都是如此，你還是有能力認清問題，知道應該如何塡補落差，讓自己聚焦於發揮自身天賦。簡單一句話，開始像個創業家般思考。

9

關鍵點的挑戰

做出更好的決定

人的一生中都有一些能造成急遽的變化，
甚至創造全新事業生涯的關鍵點。在那當下，
我們要不是意識到並把握住機會，就是任其消逝無蹤。
每個人做出生涯轉變，創辦企業，或推出新產品，
都具有形塑後續發展的潛能，
一如「斷續式平衡」創造出全新物種，
並形塑隨後出現的一切生命。
這些決定和機會正是我所稱的「關鍵點」。
關鍵點會創造出屬於你的下一幅圖像，
指引你的事業生涯或企業的發展方向。

山姆・懷利當初創辦電腦公司時，並沒有藉此展開個人創業生涯的想法。問題是，他的足球生涯在十七歲時就結束了：「在大學裡，一百五十五磅的中衛根本毫無市場。我沒了工作。」然後，他找到州議會暑期工讀生的工作，進而使他決定將來要成爲路易斯安那州州長。「那是我大學時代的使命，但是你當州長必須要滿三十五歲。我因此在路州各城鎮建立人際網絡，以便三十五歲時就能試試看。」

天生的好奇心同時也引導他進入新聞學領域，然後是會計。他上過一門投資課程，要求學生提出假想五種股票的投資組合。「我挑選的股票中有一檔是ＩＢＭ。我挑選ＩＢＭ的理由是，我對拜訪我父母，聰明、穿著考究的ＩＢＭ銷售代表印象深刻。嘿，當年鎮上可沒人擁有凱迪拉克（Cadillac），而這位ＩＢＭ銷售代表就開了一輛凱迪拉克。於是我展開行動，到圖書館研究銷售數字，一路追溯到一九一九年。我開始對這位名叫華森（Thomas J. Watson）的領導人物感興趣，他建立起一個偉大的組織，令我對ＩＢＭ有種好感。我並未決定要進入當時所稱的計算機，後來的消費性電子，今天的資訊科技世界。我只能說對它感興趣，一件事情又引發其他事情發生。」他接著創辦了大學計算機公司（University Computing Corporation），那間公司成了他後來多項創業投資的開路先鋒。

聽來似乎很熟悉，不是嗎？我也這麼覺得。這跟我在醫學中心看到那位藥廠業務代表的經驗幾乎一樣。可以肯定的是，若非我曾看到醫生們聆聽那位穿著考究的傢伙，並認定藥廠業務代表是適合我把自己畫進去的圖像，根本不會有今天的我。畢竟，當你在折磨實驗室小白鼠時，其實是得不到投資損益的經驗。轉換跑道是我一連串重大生涯決定的第一個決定，當時看起來似乎相當違反直覺。但是，在我從科學家到銷售代表，到行銷主管、廣告公司老闆，最後成爲企業執行長的演變過程中，每一步都是關鍵的一步。

我作爲創業家，其實不太確定有所謂「生涯路徑」（career pathing）這種東西。在大企業裡，你或許可以規劃一條通往高層的路徑。當然，如果公司進行合併，你小而美的「生涯路徑」可能瞬間擠滿從另一家公司過來的人。因此，即使在企業中生涯路徑都極少是具體明確的。創業更不容易遵循特定途徑，而是需要嘗試開創未經探測的領域。這兩個故事顯示，**創業家樂於接受種種機會所要求的、間接的、曲折迂迴的生涯行動。行動與創造機會一樣重要。**

「但是我的人生沒有願景！」

如果你九歲就知道將來想成爲怎樣的人，恭喜你，你是少之又少的有識之士。對大多數人而言，擁有願景則不是那麼容易的事。但是，即使你沒有一個終生願景，你仍擁有與生俱來的獨特人格組合，就像每個細胞中的DNA般，可以幫助你成功。提出願景意味著，聚焦於那些特質，一次實現一個願景，而不是問長期下來它們將產生的具體結果。

在瞬息萬變的世界，一個人，尤其是性格中具有高度開放學習性的人，願景最好是逐步開展。你如果被新奇和刺激吸引，卻沒有願景引導，將使得你分心且失焦。你要發揮開放性力量，關鍵在於適度引導那種能力，而不是任由它把你從一項未完成的專案計畫帶到另一項計畫。

進化理論中有一個**斷續式平衡**（punctuated equilibrium）理論，認爲物種的進化並非逐漸演變，而是瞬間爆發而成。既有物種也許會有長時期、小規模的漸進變化，但是新物種的出現絕對是瞬間劇變的結果。整個過程有點像打開密封的玻璃罐。你用力旋轉又旋轉，蓋子慢慢轉動。突然間，眞空密封破功，罐子打開了。因此，東西先是逐漸變化，然後，瞬間呈現出極爲不同的形式。

創業生涯也是以類似的方式發展。人的一生中都有一些能造成急遽的變化，甚至創造全新事業生涯的關鍵點。在那當下，我們要不是意識到並把握住機會，就是任其消逝無蹤。每個人做出生涯轉變，創辦企業，或推出新產品，都具有形塑後續發展的潛能，一如斷續式平衡創造出全新物種，並形塑隨後出現的一切生命。

這些決定和機會正是我所稱的「關鍵點」。關鍵點會創造出屬於你的下一幅圖像，指引你的事業生涯或企業的發展方向。它們有助於創造出第二章討論過的成功癮。對我而言，看到藥廠業務代表是一個關鍵點，就像懷利看到ＩＢＭ業務代表一樣。那引導我走進一個與原先所學截然不同的事業生涯。創辦自己的廣告公司是另一個關鍵點。將廣告公司出售，進入大企業成為內部創業家又是一個關鍵點。

事業生涯其實是一連串重要性各有不同的決定。在關鍵點上所做的決定要能成功，需要的不僅是技能和經驗，還需要天賦，每次決定將是對你在這三種能力上的檢驗。我們需要確定，在關鍵點上所做的決定與我們的基因、經驗及為自己描繪的圖像配合一致。成功啓動子在關鍵點上也能幫助我們發揮先天潛能。

可以說，在生涯關鍵點做出成功的決定，其實就是運用成功啓動子，找出適合天性的做法。你能成功也與這些做法有關。關鍵點攸關隨後而來的一切成敗。它們可能導致成功，也可能妨礙成功。我們應該在關鍵點擦肩而過前辨認出它們；在它們出現時有效處理它們；以及在一次又一次的決定中一再地創造成功。這一切該怎麼做呢？

辨認關鍵點

願景是一連串圖畫般逐步形成的。你從一幅畫換到下幅畫，想像著自己置身每一幅圖像當中。關鍵點並不只與繪製一幅新圖像有關。有時，新圖像還會呈現出一種截然不同的風格或情境背景。

你可以透過三方面辨認出關鍵點：㈠所涉及的變化程度；㈡所製造的不安程度；㈢有關該項決定，外界與內部反應的一致性。

你正繪製的新圖像與目前所處圖像之間究竟有多大差異？你是否離開一幅平靜祥和的印象派海景，進入一幅由三角形構成的畢卡索式抽象畫？改變生涯方向，進入一個全新領域。比方說，戲劇性地從資訊科技轉行經營園藝店。或者你只是從一幅海景畫進入一幅陸上風景畫？就像辭去在企業中負責資訊科技的工作，改行當諮詢顧問或創辦新公司，或以我爲例，從科學性研究改當藥廠業務代表。

轉變愈大，即新圖像與當下的差異愈大，確定兩者具有共同要素也愈重要。就繪畫而言，藝術家可能使用同樣的顏色，或畫相同的主題。就生涯發展而言，則可能涉及技能或性格。以我爲例，從分子生物學家到藥廠業務代表，其中的共同要素是，我對細胞生物學和生化學的認識，醫學和藥物治療方面的理論基礎，以及個人的人際互動技能。我很幸運，因爲這些領域所需要的性格與能力，我與生俱來（雖然人際技能對我在實驗室與老鼠互動上不太有價值！）。如果你能思考做一個決定後處境會有多大改變，要察覺到關鍵點並不難。

第二種辨認關鍵點的方式是，想想看你能否輕易應付轉變。你在新的圖像中夠自在嗎？它與你天生的性格和能力吻合的程度？它要求你離開舒適區到何種程度？新圖像的色調與前一幅相同的程度，或是你需要一組全新的色彩？以我爲例，從銷售代表改當行銷主管時，我的調色盤裡需要一個新的「顏色」：對財務問題更深入的瞭解。每個人處在關鍵點上，剛開始時都會有些不安，若非如此，那就不是生涯拓展的階段。你的生涯轉換要變得更容易，最好的做法是，盡可能事先想像自己在那幅畫中會遇到的情形。你在針對關鍵點採取行動前，愈能把自己融入那幅新圖像，將來必須處理的意外狀況就愈少，採取行動時也愈自在。這麼做，其實也是將願景圖像與當下機會的重要分析（POHEC）擺在一起，看出可能的利與弊。

最後，如果外界的資訊與個人的內在衝動一致，那意味著你可能正面臨一個關鍵點。當指導教授建議我考慮從事接觸公眾，而不是關在實驗室宰殺老鼠的工作時，那需要一種心態的調整，當時的我或多或少也有點不自在。不過，幾天後，當我在醫學中心看到那位衣著考究的藥廠業務代表時，關鍵點的新基礎開始發揮用處。一切似乎都很合理，合理到讓我毅然付諸行動，並且從未再回實驗室。

幫助你察覺關鍵點的問題

- 轉變的戲劇性有多強烈？
- 轉變製造多大的不安？
- 你的分析和本能反應是否與外界回饋一致？

基因／成長調和

有點不安並非壞事，那會幫助我們進步和成長。因爲當你處在新的環境中，確實可以激發潛能。自然界就有一個絕佳的例子。有一種魚的基因會根據所處的環境變化，形成外表和行爲上的改變。當這種魚從令它們顯得柔弱卑遜的環境，移到擁有主導地位的環境時，比方說，成爲小池塘中的大魚時，那樣的變化立即影響它們傳遞的遺傳訊息。它們會發展出一道眼部斑紋，突變出較鮮豔的顏色，在性方面變得比較主動。那種魚的基因彷彿在「懦弱魚」和「優勝魚」兩種基因符碼之間切換。這一切變化源自基因指令中的某項改變，進而啓動某些基因所致。有趣的是，這一切只有在它們成爲有主導地位的魚之後才會發生（是否讓你聯想到所認識的企業主管？）。

記得我創辦 Harrison & Star 時就面臨競爭的故事嗎？那家新成立、高手如雲的廣告公司改變了我所處的經營環境。他們的挑戰啓動了我的推銷電話基因。我對設法爭取與潛在客戶見面變得非常積極，我們因此搶在對方之前爭取到客戶。我成功了。

與魚類似的情況也會發生在人類身上。把我們自己放在一幅新的圖像中，新的情境會激發我們運用和發展自身的天賦能力。人類跟魚不同的是，人類是自己繪製一幅有挑戰的新圖像，並因此擁有選擇自己所處環境，「啓動」某些天生性格的優勢。這正是在關鍵點上所發生的一切。我們要是夠聰明，就會選擇激發與生俱來的「優勝魚」基因的環境。

切記關鍵點上的一條準則。我稱之爲「基因／成長調和」(Gene/Growth Alignment)：轉變愈大，愈要能呼應你的天生性格。轉變會造成不安，也會帶來成長。你因此需要瞭解自己的天賦，好面對挑戰。如果新的圖像未能「啓動」你適當的天生性格組合，協助你展現處理

什麼是「對你很重要」的資訊？

面臨關鍵點時，重要的是瞭解「重要資訊」和「對你很重要的資訊」之間的差別，而且兩者缺一不可。當你做決定時，能令你感到安心的資訊就是「對你很重要」的資訊。「對你很重要」的資訊未必是普遍重要的資訊。它可以是一份特定的統計數字，某人的意見或做最壞打算的策略。對別人而言，這個資訊可能無關緊要，卻是你做選擇時不可或缺的。對我而言，潘對我創辦公司的意見就是「對我很重要」的資訊。沒有它，我當初就不可能放心做出那樣的決定。

從重要性而言，「對你很重要」資訊的價值不會輸給其他資訊的總合。至於「對你很重要」的資訊是什麼，可能因個人天性而異。如果你是一位驚恐武士，你通常比別人需要更多「對你很重要」的資訊，你也需要嚴格控制考慮的時間。關鍵點不會無限期存在。工作機會不會永遠等待你。新的市場不會被忽略太久。

焦慮的心理DNA，即使短期內能成功，也不大可能產生大幅度或持久的成功。面對生涯轉換，你能適應嗎？如果你的天賦與轉變相符合，或許可以。面對生涯轉換，你會學習嗎？當然。你會成功嗎？也許。但前提都是必須能善用關鍵點，把自己放在一個能發揮能力，又符合先天性格的情境。面對生涯轉換，你面對的是一場艱苦戰役。轉變應該自然地結合你的天賦與後天養成。

利用關鍵點描繪願景

與其憂慮自己的遠大人生計畫，何不從選定一個可行的願景開始。你應該根據自己對第一個問題「為什麼想要你所要的」的答案，集中注意力描繪一幅與它連結的圖像。然後，全力以赴。全心全意投入達成那個短期願景，在此同時，你也清楚這個願景的更新版本，甚至不同的願景，有可能隨實踐過程而出現。如果願景確實與你「為什麼想要你所要的」有關聯，就能引導你朝適合天性的方向發展。更重要的，它將協助你立定更長遠的願景。

克羅斯在擔任運動治療師時形成他最初的願景。當時，他任職費城附近的哈佛社區醫院(Haverford Community Hospital)，工作地點是一間完全沒有窗戶的地下室房間。他發現自己納悶，「這個房間為什麼必須放在地下層？為什麼不能像體育訓練場所般，安排在一個充滿陽光的空間？」這個原始念頭擴展成開辦自己的物理治療中心，又逐步發展成運動物理治療師

(Sports Physical Therapists) 連鎖性運動醫學中心。他接下來的願景是買下費城七六人隊；然後是成爲作家、演講人及NBC電視台的體育評論員。他最新的願景是：在奇威士特（Key West）開一家海盜博物館。

克羅斯的例子顯示，願景未必是一條筆直的道路；事實上，它以直線進行的可能性很低很低。你在實現願景的每個階段，即使認爲後來可能會有變化，依然要全力以赴。逐步開展成形的願景並不會束縛住你。恰恰相反，它有無限的空間，因爲它會讓轉換願景更容易。它帶出你短期的成功，提供你比較穩固的財力基礎。比方說，你在華爾街的成功可能提供後來創業時更多的資源。當願景逐步開展，前階段的成功可能讓你有機會接觸其他高成就的人，創造出有助於轉換到下一階段的人際網絡。它培養出讓你不管做什麼都會成功的習性。即使願景可能不如預期般清晰，穩紮穩打會讓你更明瞭什麼是你不想要的。長期而言，心猿意馬只會讓成功的代價更高。

藉由關鍵點創造願景，效果一如你很早就立定人生願景，原因在於：

- **它有助於你的成長**。保持對經驗的開放態度，它是意外碰上還是有意追尋，都對你的成長有幫助。你可能發現自己正被某些事物所吸引，即使尚未達到成功癮的程度，你的人格特質卻因此而有新的發揮。如果你正在學習新的技能，接受新的挑戰，你將持續不斷地從既有願景中成長，進而發展出新的願景。一連串的願景成了逐步邁向成功的基石。

不要閃避關鍵點——把它們找出來

關鍵點是機會所在。處理關鍵點的經驗愈多，對訓練個人的決策本能愈有幫助，也有助於排除前面所談的不安。大腦造影（brain-imaging）的研究顯示，新的經驗比熟悉的經驗更能刺激腦部活動。出乎意料的事情比「老把戲」的影響更深刻。它們刺激基因在大腦中建立新的連結。

- **產業變化**。假如你在二十世紀初的願景是，成爲全國最大的馬車皮鞭製造商，運氣眞不好，那個產業正在消失中。很多IBM員工必須不斷修正他們的生涯願景，以因應公司從電腦硬體製造商逐步演變成鎖定服務的企業。長期而言，一連串的短期願景讓你有較大的彈性，也提供你訂出優先工作和目標的參考架構。
- **逐步展開的願景幫助你避免「夢想飄移」（dream drift）**。你要爲下一次機會，下一個願景做好準備的最佳方式是，全心全意投入當下的短期願景。在你追求當下願景的過程中，因爲實現一連串具體目標而形成經驗和信譽。那些經驗和名聲愈好，察覺新的機會並且成功的可能性愈大，進而又協助你形塑下一個願景。

一連串理性的短期願景，加上它們契合你是怎樣的一個人，以及你爲何想要你所要的，有助於避免我所稱的「夢想飄移」。當你看的是三十年後，而非五年或十年後的情形，任何願景似乎都龐大到無法捉摸的程度。如果我在一九七四年擔任輝瑞藥廠業務代表時，不知爲什麼就決定要成爲全世界最大行銷傳播公司執行長，我想自己大概會非常焦慮應該採取哪些過渡步驟以達到目標。當這種情況發生時，你很容易忘掉夢想，放棄追求它，或以追求「眼前要務」而拖延它，長期下來，你的夢想就漸漸飄走了。逐步成形的願景其實是由一連串的短期願景所構成。每個願景就在當下，對你而言也比較眞實。它回應現在發生的一切，同時又與你爲何想要你所要的保持關聯性。那意味著它會逐步發展，而不會消逝無蹤。一個逐步發展的願景奠基於不斷應用新的資訊。夢想飄移則是漫不經心的結果。

這對開放學習性高的人尤其重要。由於對新的想法和經驗興趣濃厚，你可能發現自己很容易因新事物出現而分心，以至於無法完成正在進行中的事情。然而，一連串逐步成形的願景，既能提供你焦點，又兼具你所渴望的新鮮感。你應該根據自己感覺快樂的程度，評估當前事業生涯的成就。如果你一點也不快樂，你必須做些改變，讓所做的工作符合你爲何想要你所要的。一旦瞭解做些不同的事情可能讓你比較快樂，想想看，什麼能讓你更快樂？金錢？地位？不同類型的工作？與不同的人或不同性格的人共事？不同的領導人？比起目前所經驗的快樂或成就，你如果擔任一個新角色的快樂或成就將有何不同？一旦你搞清楚了，下一步就是利用ＰＯＨＥＣ成功啓動子，找出你達到該目標的基石。

訓練你的本能

在規模小、風險較低的決定中檢測你的各種本能。那會將你的本能鍛鍊成有用的決策工具。對遺傳清單中外向性低的人，這一點尤其重要。利用小筆輸贏賭注建立自信，等到後來眞正的關鍵點來臨時，你就可以仰賴它。

無論如何，隨著你逐步成長，別讓其他人改變你的行事作爲，因爲它將違抗你的DNA本性。你就是你。如果你生性低調，別讓老闆或其他人試圖把你變成一個狂熱的領導人。如果你嘗試討好別人，你終究會瞭解，你表現出來的並不吻合眞正的你。做你自己吧！

什麼是你的逐步發展願景？

在關鍵點上利用成功啓動子

- 利用你蒐集和解讀資訊的長處。比方說，如果你的分析能力低，但外向性高，利用與生俱來的外向性蒐集別人的看法。
- 利用繪圖基因（Picture-Painting Gene）評估所做決定將造成的影響。切記，在關鍵點上或多或少都會有些不安，不論你是放棄或追求機會都一樣。當然，「做」的決定將製造一些不安，並造成很多改變，而且通常是相當明顯的。「不做」的決定或不行動的決定，可能讓你短期內留在舒適區裡，但是可能不會有長期收穫。如果你是一個天生的企業家，外界資訊也不斷催促你走上不同的新方向，而你卻不採取任何行動，你的內心將翻騰不休，不停出現「要是我那樣做，結果會如何？」的疑問，結果只會出現更多事後諸葛，更多長期不安。你難道希望虛度一生並在回顧時說，「我原本可以如此這般的」？

想想下面問題：如果你在這條道路上走到不能再遠之處，如果你達到可能有的最大成就，結果會如何？那樣的結果又會讓你快樂嗎？小伯格在與幾位合夥人創辦 Numeric Investors 共同基金公司，成立後來的伯格基金前，任職於美國道富銀行（State Street Bank）。儘管他的家族在開創共同基金產業上扮演重要的角色（或者正是因爲這個緣故），小伯格的事業生涯是從銀行業務開始：

「我記得有一次，父親與我談到，如果有人提供我創業機會［成立 Numeric Investors］時，我會不會離開道富銀行。他說，『你必須思考一件事情，自己經營公司或在自己的公司裡當個合夥人，這樣的機會與留在道富有何不同？留在道富，並以經營銀行作爲目標，是不是你想做的事情？』想了想，一開始我說，『是啊，我認爲我會想經營一家銀行。』但是，再想了一下，我開始自問：『我眞的想經營一家銀行嗎？』問題其實跟那是一家銀行毫無關係，但是我必須問我自己，『我想經營一個那麼龐大的組織嗎？』不管是擔任銀行高級職員或基金經理人，我接觸的都是第一線業務。我眞的想躋身管理階層嗎？嗯，我的直覺反應是，金錢報償應該不錯。很多人要向你報告也應該是件很酷的事情。我接著想到，『那眞的是我想做的嗎？我清楚那會是什麼樣的情況嗎？我瞭解第一線業務，也好像喜歡那個工作。我喜歡動手做而不是要別人去做。』」

在伯格的例子中，即使他當初順利晉升道富銀行高層主管，並不會**爲他**創造成功。這裡要強調的是，別讓不安成爲你做決定的唯一因素。不管你在關鍵點上做了何種選擇，你都可能在某個時候出現某種程度的不安。正如早期電視廣告中修車工人常說的，「你可以現在付錢，後來再付也行。」請記住：做改變永遠不嫌遲。重要的是，它要符合你的基因，而且不是重複維持「現狀」的行爲。

• 思考長期下來，關鍵點會如何影響你對自己的看法。你會因做出「不做」的決定，而總是遺憾自己當初不敢冒險一試。「要是……結果會如何」(what-if) 一輩子如影隨形。它會模糊掉你對未來關鍵點的思考。它可能使你認爲自己是一個不冒風險的人。或者，它也可能導致你不做適當分析下，就反射性地抓住下一個機會，以彌補所錯過的關鍵點。當你說「我錯過了那個機會，我不會錯過下一個」時，同樣會導致犯錯。

我曾與一位相當成功的業務代表共事。他因爲不眠不休地工作，過度疲累已有好一段時間，因此很想做點改變。他未經深思熟慮就接受了不請自來的第一個「機會」。不幸的是，這個機會與眞正的他並不契合。他犯下嚴重的錯誤，並且無法回頭。一個錯誤導致另一個錯誤。如今，他的工作角色無足輕重，也比做出第一個生涯轉變前更不快樂。

- 利用四下察看基因（Seeing Around Corners Gene），評估你做出決定後可能出現的變化範疇（關鍵點通常意味著急遽轉變）。經常留意未來幾年的預測，市場的發展趨勢，可能出現什麼新的關鍵點，以及你的客戶、顧客或公司屆時的需要。你可以藉由建立個人行銷計畫，將關鍵點的情境內化，並利用與轉變有關的所有積極力量。你可以看看幾年後你的圖像的模樣。它會是什麼樣子？回頭看時，對你而言，那項轉變是很自然、適才適性的轉變嗎？
- 不管你的「產品」是一項眞實的產品、一個想法或是你自己，利用推銷電話基因（Cold Call Gene），協助你思考你對改變的「免疫反應」。什麼樣的抗拒力量可能導致你放棄關鍵點，你又能如何克服它們？爲了預防你抗拒某一關鍵點所造成的劇變，你可以事先做些什麼？你可以做什麼讓你更瞭解自己對改變的反應，以及克服自己潛在惰性的方法？
- 逆向排演。利用POHEC基因檢討所做決定的由來，而不只看它的結果。這麼做能幫助你看出惰性或災難的初期警訊；它也能讓你看到促進下次成功的事情。不過，當你需要看後視鏡時，別只盯著可能已經犯下的錯誤，而是它們能提供你那些殷鑑，幫助你面對下一次關鍵點。你可以自問，「我是否抵達願景圖像中的地方了？如果我不是到達那裡，現實與我原本認為做得到的圖像間有多少差距？我必須怎麼做，才能把現實修正到符合我的圖像？」

• 阻礙出現時，利用向前看基因（Forward Focus Gene），持續厲行你的新圖像。你有重繪那幅畫嗎？有的話，那必須依然適合天生的你。如果你想改變圖像的理由是，現實並未呈現出你所畫的圖像內容，那麼，你是在製造那幅畫與你所瞭解的天賦能力間的分歧對立。比較理想的做法是，藉由保持向前看，專注於將使你置身該圖像的作為，依你的現況持續發展下去。如此一來，直到你發現一幅迫不及待想為自己繪製的新圖像前，你總是在追求正面、有益的事物。創業家永不滿足。一旦他們活出他們的圖像，他們瞭解自己仍然會成長。於是，他們畫出另一幅圖像，而那依然會是一幅成功的圖像。

在每個關鍵點上，別忘了慶祝成功。當我們把成功與愉悅聯想在一起時，我們的大腦會產生生理變化。為了鼓勵那些變化，我們務必要在一項決定有了好的結果時獎勵自己。那樣的愉悅能幫助大腦不斷尋找途徑，創造出新的成功，如新的產品、新的經營關係、更有效的流程。那也正是像創業家般思考所產生的成功癮。

10

當個好人的挑戰

打造有力的聲譽

- 你明白「好人」並非「好好先生」。
- 你靠聲譽吸引英才投效。
- 你言行一致。
- 你只說你將要做的事。
- 你尊重他人，誠實對待。
- 你尊重他人，一貫謙恭有禮。
- 你尊重每個人的本性。
- 你尊重家庭與工作的平衡。
- 你明白當個「好人」必須是你的 DNA 的一部分。
- 你願意堅守你的倫理價值。
- 你瞭解也用心培養長期的個人品牌。
- 你知道成爲「好人」並非易事；做就對了。

我開始考慮創辦廣告公司的一個理由是，客戶言談中經常出現的內容，「我們喜歡和你做生意。如果你自己開一家廣告公司，我的業務還是交給你做。」訊息很清楚，他們不只對我的工作品質很滿意，這一點當然也絕對不成問題。一而再，再而三，人們不斷告訴我，他們很高興與我共事。這種工作關係讓雙方都很滿意。當我辭職開辦自己的廣告公司時，也眞有一位前東家的客戶嘆息說，「再也找不到像湯姆・哈里遜這樣的業務代表了。」

這些談話讓我意識到，我的基因中有著讓人樂於與我共事的特質。這也是我提供客戶的重要策略性價值之一。還記得在第六章提到創造價值中的價值嗎？我是怎樣一個人正是我的價值所在，也是我創辦自己的廣告公司的理由之一。我眞的相信，我要對個人的事業、客戶或社會有所貢獻，就必須成爲一個「好人」(Nice Guy)。

本書前面大都著重在如何管理自己的內在事務。不過要成爲成功創業家，還包括能夠成功地與他人打交道。人們常說，「別做任何你不希望在《紐約時報》頭版上出現的事情。」進入新世紀，這句話應該改爲：「別做任何你不希望在 Google 上出現的事情。」聲譽當然很重要，可是隨著網路帶來全球透明化，它的價值又更加重。在地球村裡，每個人都知道你是誰，拜託，最好是正面印象。

好人跑第一

當德賽斯佩德斯兄弟創辦 Pharmed 時，這對兄弟各投下五百美元。另外有位朋友也投資五百美元。他們三個人就開辦了針對醫院和其他醫療照護機構，供應藥品、醫療耗材的批發事業。一週下來，那位朋友說他改變心意，想要退錢拆夥。「我回答他說，『如果你打算這麼做，這是你投資的五百美元，另外，上週進帳九十六美元。你還可以分到三十二美元。』如今，公司已經成長為六億美元規模，你可想見這位曾經持股三分之一的朋友有多嘔。」

德賽斯佩德斯兄弟當時大可以回答，人走可以，錢必須留下來。他們也可以只退還原始股本五百美元。相反的，他們不但全額退款，還將第一週微薄的九十六美元收入按照比例分帳。卡洛斯・德賽斯佩德斯說，「尊敬別人，公平待人，不管在公司內部、外部皆然，長久下來，你的回報絕對非常豐厚。」

好人與事業成功可以兼得嗎？當然。事實上，我認為如果你是個好人（接下來會提到它的定義），你的贏面才會長久，福報來得甚至比想像更快。就我個人經驗，今天的商場和社會更渴望誠實、善良、能協作的正派領導人。沒錯，如果我只當大好人，卻不能幫客戶創造策略性價值的話，我不可能接下他們的生意。「個人品牌」（my brand）需要的是當個好人與策略性價值兩者的結合。

在這裡，我需要爲「善良」(nice) 這個詞彙辯護。「善良」被污名化已經有很長一段時間。我常訝異人們似乎認爲「好人」(Nice Guy) 就是不與人直接衝突的人，是那種可以任人擺布的人。絕非如此！成爲好人和有膽識的人並不衝突。事實上，善良還是領導人所要面對，最具挑戰的試煉之一。當事業迫使你裁掉數千名員工，或說服投資人信任你，繼續投資，或進行組織重整以度過嚴峻或變動的時刻，「好人」的特質不僅能讓你安然度過，夜夜好眠，還能贏得共事者的尊敬和信任，甚至愛戴。

請注意我給「好人」加上引號。目的是提醒你，我不是指爛好人或手持運通卡、表裡不一的大善人。人們可能忍受，甚至喜歡這類人，但是未必願意和他們做生意。「好人」是別人願意信任、尊敬和喜愛的人。這種人通常需要直言不諱、逆勢決策，或在可以矇混時講出事實眞相。成爲「好人」一般意味著你表裡如一，誠實面對自己。

此外，女性也可以成爲「好人」。要改成「好女人」(Nice Gals) 似乎有點矯情。我也不習慣這麼說！如果女性讀者能夠容忍我的政治不正確，我後面提到的「好人」，基本上是沒有性別差異的。

今天的商場上，人們希望與相處愉快、又可以信任的人打交道。商場競爭導致人們沒有多少犯錯和彌補的空間，尤其問題又是不正派、不善良、不誠實，無法創造價值的人搞出來的。這絕對是實情，至少對我而言是如此，如果將近來一連串商場醜聞放進來看，我認爲「好人」在往後的重要性又更高。法律只能補救大禍已成的情勢。

當我與其他企業領袖討論時，我對這方面的體認又更加深刻。人們在選擇事業伙伴時，必然攙雜人性的考慮。商場決策也離不開關係、文化、氣氛和默契等重要因素。人們要讓生活更有品質，途徑之一就是，選擇一個能讓自己在事業經營上更輕鬆、更樂在其中、更有生產力的事業伙伴、供應商、員工、經理人。你要減少工作壓力，一個做法就是與你喜歡、信任的人共事。人們就因爲容忍那些不可靠或禍及他人的人，而被迫花更多時間在工作上面。

要成爲創業家，當個「好人」更是重要。鍥而不捨、對自己和產品有信心、願景、察覺機會的能力等，前面提過的領導特質，似乎並無爭議。只是人們大都不把創業家必須是個「好人」的重要性，與代表企業的角色相提並論。那我爲什麼還要花一整章的篇幅來討論它呢？我的理由是「瑪莎史都華症候群」(Martha Stewart syndrome)：不管公司形象是好是壞，公司形象與高層領導人的關係愈來愈密切。企業必須有所堅持，展現某種恆久不變的特質，或讓員工、社會、消費者、顧客可以認同的特質。領導人本身必須體現這些價值。否則，他與所領導的企業之間就會顯得格格不入，步調不一。

吉本斯說，「我眞的相信，企業領導者的代表性愈來愈高。尤其當企業變得愈來愈複雜，領導人就成爲代表公司展現價值的人。今天的世界，前一百大經濟體中，百分之五十是企業組織。所有國家當中只有兩國不是民主體制，可是企業統統不是民主體制，你當然必須關切

爲什麼好人跑第一

- **外包**。能夠留在本地的工作，必然是層次比較高，需要腦力、感情、人際互動和親身參與的服務性產業。這些都是最難自動化，或移到數千里外執行的部分。美國聯準會主席柏南奇（Ben Bernanke）對國際外包的衝擊的看法是：「對許多類型的工作，尤其是高附加價值的工作，國際外包是沒有經濟效益的。大多數高附加價值的工作需要員工之間的創意互動，而互動的便利性涉及地點的鄰近性、人際接觸和共同的文化經驗。」自動化無法取代的工作，也就是需要「好人」來執行的工作。
- **全球化**。你愈成功，你的業務的全球化程度就愈高。這意味著你必須跨過無可避免的文化落差。創業家、執行長、管理者正面臨尊重他人、正派、誠信的空前考驗。而且這些特質必須是自然流露，從你的本性中散發出來。人性能夠超越風俗習慣和地理疆界。「好人」更容易在全球化上面成功，原因是他們待人以誠，而不只是合乎禮節。這種人到哪裡都很容易被辨認出來。人們也懂得分辨裝腔作勢、惡霸或毫無誠信的投機分子。

- **吸引英才的需求**。人們選擇求去，不是因爲企業，而是老闆。人們尤其會離虛有其表的人遠遠地。我們都希望與能讓自己生活更好，而不是生活更慘的人共事。我相信企業能不能吸引英才，是看這家公司的領導力，以及代表公司的領導人所表現的價值觀。當個「好人」能增加你吸引和留住人才的能力。在我所經營的事業裡，人才是核心。人們不是不能爲混蛋老闆工作，只是他也因此前途無亮。人們要成長，前提是能在工作上同心協力、相互包容與體恤。今天的知識工作者希望在有挑戰但沒有剝削，老闆眞心相信他們的價值也能協助他們發揮價值的環境工作。人們眞正有發展或只求苟活的差別，就看企業是蒸蒸日上或是每下愈況。
- **治理考驗**。社會對企業的評斷，主要根據它們的營運是否與尋求利害關係人最大利益有關。標準普爾指數（Standard & Poor）已經將企業所有權結構、利害關係人權利與關係、訊息公開、董事會結構與流程納入評比。這些條件也成爲企業治理好壞的考量。晨星（Morningstar）的「受信託人評比」（Fiduciary Grade）也很類似，只是它是針對共同基金公司對待利害關係人的表現。企業領導人的表現就代表這家企業是否是個「好企業公民」（corporate Nice Guy）。

構成企業的人員角色。」

我認為「好人」跑第一的想法是否太不實際呢？我不覺得。澤爾說過一個故事，就很清楚道盡當個「好人」才是實際可行的做法：

「有一回，我赴底特律購買一家購物中心，當我與賣主坐下來討論時，他說的第一句話是，『你一定不相信，從沒有人想跟我做第二次生意。』我眞的當場愣住。接下來我就知道是怎麼回事。這個寶貝眞的瘋了。他讓你抓狂。他說的一點也沒錯。我眞的沒再和他談過生意。我眞的認為，長久下來，比起只想佔對方便宜、欺負對方的人，待人誠懇的人絕對更可能成功。這好像在套聖經的話，但是事實就是如此，領導也是如此……我認為人們當然可以靠使壞生存，問題是這麼做是為了存活，還是為了進步和成就？在今天的世界，如果你是個混蛋，想要成功實在很困難。不幸的是，這並不能減少世界上混蛋的數目。」

「好人」還有一項特質：正直。正直絕不僅止於誠實，它的意義比誠實還豐富。字典上的正直是一個完整的概念。為人處事正派意味著言行一致，說到做到。正直也意味著對自己和別人同樣誠實，坦蕩蕩地正視著對方說話。你不會要求董事會通過給自己大幅加薪，然後告訴員工，因爲獲利不佳，所以他們被裁員了。你也不會爲了搞公共關係，大張旗鼓地提出一個引人矚目的案子，然後私下將它否決。

在商場上，多的是頂著領導人／執行長／董事長頭銜，吹牛不打草稿，做起事來根本不是那麼回事，後來被抓包解聘的人。當「好人」是有感染力的。人們會被你吸引。他們希望和你在一起或追隨你。我的研究所指導教授說，「湯姆，人們喜歡找你說話。當你在實驗室工作時，他們也喜歡過來晃一晃。」當我成爲藥廠的業務代表時，醫師也很喜歡和我談話；他們相信我說的話。他們會等待我的拜訪；曾有個醫師告訴我，有次我因爲度假卻沒有告訴他，他還爲我沒有出現而牽腸掛肚！這就是成爲「好人」的威力——你不必自己走進潛在客戶的辦公室，就已經爲你的服務創造了致命吸引力。

當我開辦自己的廣告公司時，我保證一定履行承諾。如果發生變化，影響我的承諾，我一定在第一時間瞭解客戶的期待。人們要的不過是商場誠信，他們也期待誠信。這不過是做生意的基本原則，可是你一定很難相信，卻有那麼多人不把這當一回事。

當你很誠實，而且有能力把誠實與才華、價值、智能，以及對重要原則的堅持結合在一起時，注意，你絕對是如假包換的創業家，而且還是成功的創業家。

在我創業前後，也有不少「創業家」開辦廣告公司。他們當中有些已經發展出全球性業務。有些則因爲說話不算話，早已關門大吉。有些人順利接下上一任的棒子，有些則完全扛不起來。沒成功的原因在於，他們個人無法彰顯公司秉持的價值。這裡面存在著從文化到個人天性方面的根本性歧異。企業就像人一樣，有它們自己的DNA。如果企業的DNA無法與領導人互補，除非企業能在大難臨頭前換將，否則當中必然有一個或是雙雙遭殃。

克羅斯的說法簡單明瞭：「你可以不靠聲譽而成功，但是不可能因爲惡名昭彰而成功。壞名聲會稀釋你一切努力。你怎麼可能跟一個無法信任的人做生意呢？正直絕不是隨時可開可關的東西。」

有個研究就發現，企業領導人和一般大眾都相信，企業領導人是可以道德與成功兼備的。這個研究指出，人們不期待企業領導人「天眞無邪或聖潔」，然而，人們希望受到公平與誠實的對待。

做個「好人」能讓你心靈平安，進而幫助你追求個人的成功，好的聲名則容許你理直氣壯。你會因爲自知在交易中努力做到誠實、榮譽與謙和，而散發出自信的氣息。雖然總是有人以犧牲別人來建立自信，但我認爲不佔別人便宜所產生的自信更有價值。因爲，如此你才毋需背負罪惡感、揮之不去的憤怒，或因你對別人的所作所爲而老對自己不滿意。

不當「好人」能勝出嗎？我覺得，在過去也許可能，現在也還有機會，但是當人們的工作愈來愈繁重，對惡棍型執行長的不信任也愈來愈強烈之際，「好人」成功的機會應該比較大。如果你每天身體力行，你對自己感到滿意的可能性又會與日俱增。

在你對自己和你的企業作爲的感覺，與你的客戶、顧客、同僚、事業關係及員工對你的感覺之間，其實存在一種互補性。如果別人對你的感覺是正面的，而你卻很心虛，你其實是表裡不一，只是在做戲，而這是很難長久的。如果你對自己感覺良好，別人卻不這麼覺得，要不是你打造個人品牌失敗，就是你樂於當個怪人。

「好人」基因與「僕人執行長」文化

「好人」是天生的嗎？就像其他事情般，它不是非黑即白的問題，不過有些證據顯示，遺傳多少有些幫助。

不論你是多麼棒的領導者，企業的日常決策其實是靠企業文化和員工進行的。在企業內部事務和人們生活快速變遷的今天，沒有哪家企業還能依賴老式的「指揮控制」領導模式。愈來愈多企業嘗試創造出所謂的「轉型領導」(transformational leadership) 文化。「轉型領導」是由管理學者柏恩斯 (J. M. Burns) 提出，強調促進解決問題的彈性與獨立行動，快速適應與鼓勵變革，以及支持長期願景。

坦白說，我不知道今天的企業想要永續經營，還有哪些途徑可走。當員工認爲他們是「專業自主國」(Free Agent Nation) 成員，企業組織則朝網絡而非僵化、孤立階層發展時，哪種管理模式還能長久適用呢？有些短視的企業和企業領導人，不清楚顧客在未來三、五年的需求，不清楚競爭者是誰，不支持嘗試錯誤發展創新（正如科學方法），不堅持自己或企業所追求的目標，這樣的企業和企業領導人注定活不了多久。

研究發現，基因對領導風格，尤其是轉型領導有高度影響。研究人員針對二百四十七對雙胞胎進行瞭解，發現基因連結愈接近的人，他們的領導風格也愈類似。研究也發現，轉型領導人與非轉型領導人之間的差異，百分之五十九與基因有關。交易型領導者角色（類似「指揮控制型」）與基因的連結則不高，低於百分之五十。換句話說，你要學會當個指揮控制型領導人，其實要比成為轉型領導人容易。後者要不是天生，就是與之無緣。

轉型領導人似乎也與當個「好人」有關。第七章討論過，需要接受拒絕或堅持不懈時，主導慾強與外向性會表現出先天性格上的優勢。高度外向的人傾向正面看待生活經驗，為人直爽，因此比較容易被看成「好人」。當其他條件一致時，外向的人比較能平衡工作與家庭生活；他們認為工作讓自己更懂得生活情趣。

試圖找出基因與領導力之間關聯性的研究仍屬有限。在五大人格特質中，最常被發現與領導力有關的就屬外向性。不過，另外幾種人格特質則具有平衡作用。有項研究就發現，轉型領導人最容易出現外向性加上勤勉審慎性、開放學習性等特質。這一點其實不做研究，一般人也會同意。這種組合恰恰形成第一章提到的「威力組合」（Power Pairs）。勤勉審慎性與勤奮工作、責任感及可信賴等特質有關。它會助長「好人」的正直行為；言行如一。開放學習性則促進聆聽新點子，如果新點子言之成理，還能迅速接受變革。研究人員也發現，短視近利、「迫不及待」的交易型領導人（transactional leader），性格特質大不相同。這種領導風格不僅與外向性呈負相關，還正好與親和性的反面特質明顯相關。

幾年前，一項研究也證實這三種人格特質與領導力的關聯性，其中，最具主導性的是外向性，其次是勤勉審慎性與開放學習性。另一個研究則指出，親和性與外向性結合，也會產生轉型領導人。檢查與親和性相關的詞彙，如信任、公正、謙虛、合作、有同情心等，則又更容易看出它們之間的關聯性。在親和性方面獲得高分，意味著他很重視與人和諧相處。他們關心別人的福祉，也相信別人是可以被信任的，並且表現在實際行為上。你是誰其實不重要；重要的是，至少就長期而言，你無法買到別人的尊敬。還有，尊敬別人才能贏得別人的尊敬。

在我們想到創業家時，這些都不是在第一時間浮現的特質。如果你的性格強烈傾向親和性，你不太可能當個創業家。因為你太容易在權威面前低頭，太在乎別人的福祉，以致無法做出艱難的決定，太容易為了別人而放棄自己的信念和提案。親和性太強會導致你任人擺布。親和性就像人的手腳，你當然需要它們，可是多手多腳未必是好事。

可是外向性與親和性的組合則會形成威力強大的平衡；它們是第二個威力組合。少量的親和性可以沖淡外向的人在對話、會議、交易時的主導慾，避免他或她在過程中一直想要操弄別人。親和型的人如果加上一點外向性格，則讓他必要時挺起胸膛，這對創業家是非常重要的。親和型的人如果缺少外向性格的搭配，很容易基於討好別人而放任不管，只想讓大家快樂。對研究人員而言，轉型領導人的基因連結絕不是加分減分的問題。任何基因的作用都可能影響到其他基因所產生的結果。

當個「好人」有助於成爲「僕人執行長」（servant CEO）。我所認識的一些最有效率的執行長，非常注意自己所作所爲是否能讓部屬更好做事。當我創辦廣告公司時，我已經經驗過科學家、藥廠業務代表、行銷部門主管，以及另一家廣告公司的客戶業務專員。由於這些經驗，我對客戶的業務和相關職務瞭若指掌。雖然我知道任何人都是可以被替代的，可是我實在太瞭解客戶的需求，這讓我成爲不可或缺的角色。客戶持續委託我們處理更多的業務。我能成爲自己廣告公司的僕人執行長，不僅因爲我能幫客戶把事情做得更好，我也能讓部屬清楚「服務」客戶的眞諦。那意味著我們在盡好本分，協助客戶行銷他們品牌的同時，也改善對方工作的能力。事實上，我們稱自己爲「知性」品牌，因爲我們非常瞭解客戶的業務。

PeopleInk是一家指導企業建立顧客至上文化的人力資源顧問公司，負責人羅迪斯說，「偉大的執行長相信，現場人員的重要性絕不在他們之下。［以捷藍航空爲例］他們瞭解少了機長，就不可能有這家航空公司。我的看法是，那些長期受倫理問題困擾的企業，對待員工總是比較傲慢……那是執行長會叫工會裁減工資，同時自己拿走大筆紅利的企業。我眞的弄

做個「好人」的案例研究

當我離開輝瑞藥廠後，我到一家廣告公司工作，老闆叫做羅夫・羅森薩爾（Rolf Rosenthal）。他可能是醫療保健產業中最好心的廣告公司老闆。大家尊敬他，不僅因爲他精熟業務，也因爲他對員工的好始終如一。有一次，這家公司丟了一筆最大的廣告業務。我們全都屏息以待，看哪個人要爲此滾蛋，以保持公司持續獲利。第二天，羅夫召集大家，不是宣告壞消息，而是宣布不會裁員。他說，「我們將會重整，爭取更多業務以平衡損失。這次虧損不是哪個人的錯。」這家廣告公司因而士氣大振，搶下更多業務，成爲同業的楷模。羅夫當然是偉大的領導人，也是這個產業中的「好人」。

不懂。最諷刺的是，它們的股票下跌，虧損遠超過紅利，即使初級財務學都能指出這不是高明的經營模式。」

我從不讓自己給職務上的權力沖昏頭，頤指氣使。我一直把部屬看得和我一樣，大夥同心打造這家公司。我們能在一起共事，因爲我們有互補的能力，只是我正好在做決策的位置上罷了。這個位置逼我必須在別人忙著滿足今天的需求時就眺望未來。優越感會產生不滿足；平等則形成一種大夥爲成功戰鬥，全心支持你的文化。那些眾叛親離的領導者根本沒有可以領導的對象。

強大的自我意識，惡質的自我意識：有差別嗎？

創業家的一個挑戰是，在自信與當個「好人」之間取得平衡。真有可能做「好人」，同時還能保持足夠自我，成功通過巨大的創業挑戰嗎？

有些人的基因似乎能夠形成這種平衡；可能是外向性／親和性的威力組合。內人常說我超自大，然而，客戶對我的形容包括是個「好人」。**強大的自我意識與惡質的自我意識其實是兩回事。你的自我必須強到能夠看清楚，當個好人並不會傷及你對結果的控制力。**

請再念一遍；這很重要。如果你夠聰明，你會明白控制的價值在於讓事情完成，如果你能找人按照你的想法行事，做起來又更容易。你需要的不是強大的自我，而是聰明的自我。有些人自我膨脹，從不檢討，認為自己絕對不會出錯（你大概也認識幾個這一類的人）。他們也許從不做傷害別人的事，但是在此同時，光是他們的權力就能給對方極大的壓力。他們是那麼自我中心，以致根本聽不進別人在說什麼。惡質自我意識發作的時機，通常是它能造成最大災難的時刻。要做「好人」絕對不容易。在順境中當個好人也許不那麼難；在艱難時刻，也就是當情勢亂糟糟之際，表現「好人」特質則能讓你顯得無與倫比，出類拔萃。

羅迪斯說過一個故事，是她在捷藍航空時，面試一位應徵飛機技師經理職位的人的事情。那位先生是知名的飛機技師搖籃A&P（airframe and powerplant）學校出身，曾在一家業界歆羨、只用第一流技師的航空公司服務。飛機技師都想在那家公司工作。不過他進去半年後，有架狀況不宜飛行的飛機，單位卻堅持要他簽字放行。他很清楚這家公司太有名，任何八卦在這個圈子很快就會傳開，如果拒絕的話，意味著他可能根本沒有機會到其他航空公司擔任技師。

羅迪斯說，「他還是拒絕簽字。接下來，直到我們錄取他前，他一直處在失業狀態。這位先生說，『我很可能一直找不到工作，但是我還是簽不下手。』說這話當時，他才剛添一個小壯丁呢。」

我不認識這位技師，不過作爲必須經常飛來飛去的人，他的這項堅持絕對可以列入我的「好人」名單。這就是正直。這就是原則。這就是即使短期內招來負面衝擊仍堅持做正確事情的能力。

我還記得，有一回，我必須告訴一位有希望成爲主顧的客戶，我的廣告公司因爲忙不過來，至少一年內無法接他的業務。這句話很不好出口；因爲對方是醫療保健領域的龍頭級企業。可是我覺得，如果我們接下這個廣告業務，卻有違一貫的文化和風格，那就根本不應該接。沒錯，對方很失望。不過，一年後他還是打電話來了。

我們近來經歷過不少知名企業領袖的醜聞。那些人鐵弗龍般的自我中完全沒有正直。那種愈做愈大、愈賺愈多的創業渴望，在這裡絕對行不通。「想要更多」意味著「我想要更多」，而非帶給企業和員工更多眞正的好處。爲什麼這些領導人（創業家或內部創業家）會想從剝削他人中得利呢？我認爲這是因爲他們天生性格的某個部分，使他們產生一種錯誤的成見，導致他們言行不一。這種不協調的性格組合容許這些領導人走偏鋒，一再說謊，一旦發覺自己不誠實，又企圖掩蓋眞相。那是在容許自我找藉口，說服自己這麼做並沒有錯，或你可以把快樂建築在別人的痛苦之上。

當自我不斷放大，不斷膨脹，失去平衡時，這種情況就會發生。當事人內心認爲自己就是公司，而非一群組成企業的員工的領導人。「想要更多」基本上不應該是一種個人與企業之間的零和遊戲，如果你的意識正確，就不會發生這種事。

選定你的基因品牌

按照湯姆・畢德士紅極一時的「自我品牌」（Brand You）概念，做個「好人」也是打個人品牌的一部分。不過在各種品牌宣傳中，打個人品牌需要與你是怎樣一個人相連結。你的基因對塑造你的個人品牌絕對有幫助。

我說過，我會從細胞生物學家轉變成企業主管，源自於醫學院時代，我看到一位看似成功的業務代表與醫師的談話。事實上，若非我的指導教授對個人品牌意義非凡的訓示，我根本不會注意到那位業務代表。當指導教授告訴我，他注意到我的個人天分時，這改變了我對自我品牌的看法。當時我一直認為自己是個科學家，但是我意識到基因為我打造的個人品牌（確信這一點則是後來的事情），其實與個人預期和所受的訓練不同。當然，我的研究做得不錯，但是真正讓我有別於同儕，創造出舒特博士（Dr. Sutter）注意到的個人品牌，其實是我天生的外向性格。沒有那段談話，我可能不會注意到那位業務代表，或把推銷當成志業。這絕對是基因威力塑造個人品牌，個人品牌又塑造個人未來的偉大例子。這一點我長記在心（謝啦！舒特博士）。

你的個人品牌（聲譽）是種資本財，你也應該用這種態度對待它。如果你投資買設備，你一定會好好保養、維修。你的品牌就像你的個人器材或硬體設備。你需要經常將它升級，不僅因為現在需要它做什麼，還包括未來三、五年你會需要它發揮什麼作用。那也是你必須要能提供的資源之一。我能找到那些願意接受本書訪談的人，純粹是引介者的個人品牌發揮效用的緣故。這意味著他們的個人品牌已經為他們創造出一種資產（願意協助他人的善意）。我欠他們一份情，因為他們慷慨提供個人品牌為本書邀約受訪者。請相信，如果我有機會回報，我也絕無難色。

你的個人品牌就是你的推銷員，只是你常常沒有意識到罷了。在 Harrison & Star 草創初期，我曾對一位醫療保健企業的主管打上至少二十五通電話，對方卻從未回我電話。幾個月後，我終於接到他的電話。他說，「當你打電話來時，我從未聽過你的公司，也不知道你想賣

「好人」基因的標記

- 你明白「好人」並非「好好先生」。
- 你靠聲譽吸引英才投效。
- 你言行一致。
- 你只說你將要做的事。
- 你尊重他人，誠實對待。
- 你尊重他人，一貫謙恭有禮。
- 你尊重每個人的本性。
- 你尊重家庭與工作的平衡。
- 你明白當個「好人」必須是你的DNA的一部分。
- 你願意堅守你的倫理價值。
- 你瞭解也用心培養長期的個人品牌。
- 你知道成爲「好人」並非易事，做就對了。

什麼。但是過去半年間，我多次聽到貴公司和你的聲名，因此才有這通電話。我們何不約個時間談談？」他後來也成爲我的好朋友。

Harrison & Star 時代還有一個故事，可以清楚說明以個人品牌推銷的威力。當時，我們爭取一家大藥廠的新藥廣告業務。儘管市場上已經有這類藥品，該藥廠只是跟進而已，我們還是努力蒐集相關臨床數據，深入瞭解藥廠品牌，設計出該藥的市場定位。我們並沒有拿下這項業務，不過因爲客戶肯定我們的努力，反而將該廠最重要的產品交給我們。藥廠決策者相信，我的廣告公司可以幫助另一更重要的品牌，也是當時產業界最大品牌的成長。他不希望把我們的才華浪費在「跟進」產品上面。

怎麼經營個人品牌呢？

所有品牌都有它的生命週期；你的個人品牌當然是活得愈久愈好。怎麼說？因爲你愈用心在自己的品牌，這個品牌長期下來又會回頭幫助你取得生涯成功。你在發展個人品牌上，應該像經營企業般有一套策略。你的個人品牌應該在不犧牲既有成就的基礎上向前發展。你絕不希望個人品牌遭逢跟「新可口可樂」(New Coke) 一樣的失敗。

當然會有好事者說，「可是湯姆啊，商場可是自相殘殺的環境。如果我是『好人』，競爭對手絕對會把我生吞活剝掉。你必須有攻擊性才能笑傲江湖。」在我的經驗中，當商場彷彿實境節目《我要活下去》(*Survivor*) 的賽局中，能夠贏得新客戶，攫取更多市場佔有率，發展個人品牌與生涯的，非「好人」莫屬。

想想看，競爭意味著除了你，還有其他人也要爭取相同的東西。在一個買方市場，客戶很容易發現大家的實力、經驗都差不多。我們總是積極尋找能力比自己強又好相處的人，或至少不要愈搞愈糟吧。我們每天的壓力已經夠大了，沒有人想再把時間、耐心、精力消耗在與傲慢、自私、貪婪的人打交道上面。

我們都知道每天要這麼做所要面對的壓力。但是，如果你要有非凡表現，如果你希望大家記得你，如果你希望籌碼用完時，外界的支持和力量不會隨之消散，沒有比當個「好人」更好的做法。

當個「好人」還有其他的實際理由嗎？它會讓你冒險時更勇敢。如果你清楚自己的品牌讓其他人樂於追隨你，你在冒險或做勇敢的決策時，就有更大自由度。當考慮開辦自己的廣告公司時，潘的說法是，「最壞的情況是什麼呢？」她提醒我，即使廣告公司經營不起來，其實也沒有什麼風險，因為我的聲譽絕對可以找到新工作。這項因素讓我輕鬆自在地做出決定。對任何創業家的冒險而言，有個卓越的個人品牌做後盾，可以降低很多風險。

如果你的個人品牌是不吃虧、自私自利、傲慢、冷酷待人呢？如果你親和性的表現不明顯呢？我承認這也是一種個人品牌。不過你應該自問，這種名聲能夠幫你一輩子嗎？你的聰明才智眞的強到即使沒有人際網絡協助也能生存嗎？如果你的基因資產確實如此，只能希望老天保佑你了（其實我覺得你讓自己滿意的能力，可能比老天保佑還重要）。我也希望你清楚成為「好人」的一些規則，看看能否運用它們自我成長，發展出別人想親近的個人品牌。如同其他任何品牌：你提供的就是一種體驗。哈雷機車賣的就是一種體驗。捷藍航空賣的也是一種體驗。勞斯萊斯（Rolls-Royce）也是賣體驗。澤爾、傑弗瑞・伊梅特（Jeffrey Immelt）、山姆・巴爾米沙諾（Sam Palmisano），比爾・蓋茲、柯林頓（Bill Clinton）賣的都是體驗。你也不例外。你希望顧客或客戶從你身上得到什麼樣的經驗呢？切記：無論你先天的人格特質近似泰瑞莎修女（Mother Teresa）或希特勒（A. Hitler），正直是每個人都有的成功基因。人人都有。

人間總是有報應的，而且這個時代的報應又來得更快。建立聲譽已經不是一個選項。你能選的只是自己是否以它爲傲，你每天所作所爲就是在做出選擇。正直與成爲「好人」從來就是對的選擇，如今又更重要。它們像是讓企業永續的贏的策略。這些特質也會幫助你建立可長可久的聲譽。

我很希望這一章不會變質爲假道學。這絕非我的本意。我只想傳遞給你一個警訊，一個樂觀的訊息。儘管我們剛見識過一批惡名在外的知名企業家，可能也因爲如此，**我相信我們將更快進入一個正派經營、眞心關懷企業發展和員工生涯的領導人時代**。在這樣的時代，成功與否不是以季衡量，而是看得更長更遠。

這一套同樣適用在大企業和小型新創公司。成功的企業和領導人來自那些董事會更強調企業價值和領導人價值的環境。他們會怎麼選擇領導人呢？主要還是看個人品牌的歷史和發展。無論你的創業家精神是表現在個人身上還是企業內部，當企業與個人價值巧妙微調，相輔相成時，又將帶出個人和企業史無前例的永續成功。

11

解開你的成功基因

你是創業家或是內部創業家

創業家不太擔心混沌的處境。

他們更依賴個人天生秉賦，

在未知事物出現時找出因應辦法。

他們身體力行一件 T 恤上的標語：

「我，沒有不可能的事情」(I’mpossible)。

在瞬息萬變的世界中，

我們都被挑戰必須做到「我，沒有不可能的事情」。

創業家相信自己，也相信所做的一切事情。

那意味著，領導人如果懂得培養自身的創業精神，

會比純粹滿足於現狀者有更好的表現。

至於如何展現創業精神，則依個人天生性格而定。

有的人念茲在茲的就是創業機會。

有的人則比較安於在企業保護傘下創業。

我曾經是企業員工、創業家、領導人及負責評量其他創業家的高階主管。我在上述每項角色中獲得一致的結論：企業內部創業家所需要的成功DNA與創業家大同小異。和過去相比，靠經驗做決定已經不再那麼可靠。世界變化太快，對一般企業和新創企業的衝擊不相上下。我也許沒有相關統計數字佐證，但是我敢打賭，變化愈快，人格特質對預測生涯成功與否也愈重要。你是怎樣的一個人，你在面臨問題時展現的獨特人格特質組合，絕對比經驗更重要。

這是典型的創業思考。本書的受訪者一般樂於推翻經驗，並且從事外界認爲不可能或「太冒險」的事情。經驗對他們並非毫無用處，只是經驗並非他們的成功之道。創業家不太擔心混沌的處境。他們更依賴個人天生稟賦，在未知事物出現時找出因應辦法。他們身體力行一件T恤上的標語：「我，沒有不可能的事情」(I'mpossible)。在瞬息萬變的世界中，我們都被挑戰必須做到「我，沒有不可能的事情」。創業家相信自己，也相信所做的一切事情。

那意味著領導人如果懂得培養自身的創業精神，會比純粹滿足於現狀者有更好的表現。至於如何展現創業精神，則依個人天生性格而定。有的人念茲在茲的就是創業機會。有的人則比較安於在企業保護傘下創業。

你是創業家或內部創業家？

如果你具有創業精神，一定會在人生的某個時候面臨重要的抉擇關鍵點：要當個創業家，還是內部創業家。本書曾提到，即使在大企業的環境中，創業精神照樣會出現。有些創業家的事業生涯可能在企業中開始，但是他們終究會因勇於冒險的習性和自信心而離開安樂窩。少了這兩項要件，一個人即使嘗試創辦公司，結果不是三心二意，從一項創新計畫換到另一項，就是大部分生涯都在爲別人做事。

「準創業家」(entrepreneurs) 認爲，能夠主宰自己命運是一個充滿吸引力的想法。他們可能認爲自己有偉大的點子，甚至可能思考過創業的代價。但是蠢蠢欲動與付諸行動的分野，就在於忍受風險和不確定性的能力。準創業家無法對冒險處之泰然，獨自闖蕩。他們生來就不是這種性格。他們就像玩高空彈跳般，想跳但也希望確知在撞擊地面前會被拉回到安全高度。

無論你是獨立經營，還是在企業內部進行創業計畫，一旦創業就永遠是創業家。現階段的我可以說是內部創業家，但是感覺上自己還是像個創業家。我不斷在思索新的創業機會，其中有些會付諸行動，有些則否。

創業家與準創業家並沒有孰好孰壞的差別，重要的是，你需要非常清楚自己屬於何者。

如果是「準創業家」，你在選擇做什麼的時間可以很長。準創業家的陷阱是，他可能會發覺，自己對公司結構會有週期性的不滿，可是自己又缺乏自行創業所需要的信心。因此，較理想的是，乾脆體認到自己是個內部創業家，拴著彈力繩往下跳。

另一類型的「準創業家」則遲早會嘗試成爲創業家，問題出在太容易分心或氣餒。他們缺乏克服障礙，貫徹執行計畫的創業基因。我發現這些人的共同問題是，他們把風險看成是一次性挑戰，認爲只要踏出創業那一步就成爲冒險家了。很遺憾，那只是開端。創業家並非撐竿跳選手，而是跨欄選手，要從一個欄跑向另一個欄。而且，我認爲擁抱連續不確定性的能力，如非與生俱來，就是付之闕如。

如果你知道爲什麼想要你所要的，以及在得到它的過程中必須付出的一切，最後就是弄清楚這兩者最有可能的交集之處。我要重複一遍，像個創業家般思考不等於實際開辦自己的公司。

知道自己想追求多大的夢，就該清楚自己得過什麼樣的生活。你想要一直忙碌不堪嗎？想負責管理眾多部屬嗎？想在世界各地奔波出差嗎？想有空閒玩帆船嗎？你會想成爲怎樣的一個人呢？能言善道的演說家？精通財務報表的專家？如要實現未來願景，你又需要是一個怎樣的人呢？當你達成目標時，又要如何運用個人的時間呢？如果你認爲成功意味著能隨心所欲支配時間，那可能就不是當大企業領導人的料。你想要經營一家「有生活品味的公司」，

其他創業選擇方案

- **在大企業中做一個內部創業家**。隨著領先形勢的重要性勝過跟著變遷跑，今天的優秀企業都明瞭創業思考的重要性。它們也有各種鼓勵創業思考的做法。
- **創辦一人公司**。創業家大可自行創業，經營出下一個微軟（Microsoft）或戴爾電腦。當然，他們也可以選擇維持小型規模。
- **成爲其他企業的推手**。我目前在DAS的角色，必須與一百五十多位執行長共事，這讓我覺得自己仍置身創業環境中。這些執行長雖然隸屬一家數十億美元的企業集團，他們當中大多數人是從自行創業開始，至今也仍然以創業家自居，並以創業思考方式領導公司。我很幸運；我能享有創業生活的樂趣，卻不必承受其中的頭痛問題。我身爲顧問、創投資本家、放眼未來的思想家、企業育成中心主管，時時刻刻都需要靠創業思考。

純粹爲享有你所喜歡的生活形態而創辦的公司，或希望達成改造世界並影響其他數千人生活的偉大願景？

爲此做些研究絕對是有幫助的。如果你想成爲大企業的執行長，閱讀一些雜誌的人物報導或書籍，瞭解他們每天如何安排時間。如果你想創辦公司，找曾經創業的人談一談，瞭解大致情況。不管你正處於事業生涯的哪一階段，這都有助於你成功追求願景。組織內的晉升就支配個人時間而言，意味著什麼？你仍然會動手做事，或必須放手讓別人做？要成功扮演新的角色，需要具備哪些技能，以及哪些人格特質？

內部創業型領導人(intrapreneurial leader)的DNA

今天的科學家透過觀察蜜蜂的大腦基因表現，就能預測出它所擔任的工作。更早之前，研究人員光是看蜜蜂的外型，就能預測它是負責養育蜂巢裡其他蜜蜂的「蜂巢工人」，還是離開蜂巢尋找食物的「糧食徵收員」。由於蜜蜂的外型差異相當明顯，研究人員的預測準確度達百分之九十五。

對人類而言，待在企業蜂巢的內部創業家和外出搜尋新市場的創業家，兩者之間的差異卻沒那麼顯著，至少到目前還不是。第七章「擁抱拒絕的挑戰」提過，雙胞胎相關研究顯示，領導表現似乎與基因有關。具有相同DNA的同卵雙胞胎，在領導表現和個人特質的相似度，比DNA相似但不完全一樣的異卵雙胞胎更顯著。對此，研究人員的結論是，領導力表現和基因之間的連結是透過遺傳的人格特質進行。

對創業的許多面向，本書提到的所有成功啓動子，包括相信自己和自身想法的能力、擁抱拒絕、察覺和把握機會，以及做一個好人，同樣適用於想在組織中追求最大成就的內部創業家。基因產生作用的方式很複雜。即使遺傳相同性格的雙胞胎都可能有不同的表現方式。再重複一遍，具有創業性格並不等於實際當個創業家。

一項比較企業管理者與創業家的研究發現，管理者的勤勉審慎性格通常強過創業家。事實上，開放學習性和勤勉審慎性之間通常有互補作用，前者使創業家保持前瞻性，後者則是企業營運不可或缺。不過，針對一百一十六位德國創業家的研究也發現，**成功的創業家通常**比不成功的創業家更具有勤勉審慎性。這點我頗有同感。**你可能擅長於開辦企業，但是缺乏執行力，而執行力的關鍵就是勤勉審慎性格，你的成就終究有限。**或許，這正是爲什麼很多懷有雄心壯志的創業家必須與營運高手合作，才能使野心勃勃的創業計畫眞正成功。卡洛斯・德賽斯佩德斯是Pharmed公司的形勢預測家並負責銷售，他的兄弟喬格則掌管日常營運。山姆・懷利和他的兄弟查爾斯（Charles Wyley）也以極類似的方式經營公司。

創業家和內部創業家之間最大的差異，或許就出在對冒險的自在程度。這又涉及高度開放學習性，以及較低的神經過敏性。另一項差異可能是五大人格特質中的親和性。前一章曾討論過，做個好人對創業家是多麼重要。不過，有時，由於偉大的點子本身太有說服力，即使提出的人是個混蛋，還是可以成功。確實有研究發現，親和性、神經過敏性這兩項特質與創業行爲存在負面關係。有些創業家還因爲堅信自己的想法，導致別人覺得他們很愚蠢。

但是進入企業實務，親和性就攸關重要。隨著愈來愈多工作需要靠團隊完成，具備能夠瞭解他人，設身處地爲他人著想的親和性非常重要。領導人不僅要爲團隊的成果負責，還要爲獲取成果的方式負責。要在公司裡發展，除非你具有體諒和激勵他人的能力，否則很難取得所需的資源和更重要的決策權力。創業家通常與自己的團隊互動。企業領導人則必須與很多不同的團隊互動，通常是同時接觸所有團隊。企業中需要發揮親和性的情況因此倍增。

創業家經常提到的創業動機之一是，渴望「按自己的方式做事」。基本上，在企業環境中感到自在的人，可能親和性較高。理由是，他們比較願意贊同別人做事的方式。內部創業家的主要問題，就在於找到適合個人先天稟賦的環境。如果一個人善於設身處地爲人著想，認同企業目標和做法，樂於與他人合作，企業環境可能獎賞他們這些行爲，進而助長他們在這方面天性的發揮。並且，由於他們經常展現適合稟賦的行爲，也不斷得到獎勵，他們甚至變得更加純熟。那正是本書所討論的成功癮。

創業家和企業領導人在天生性格上的另一項差異是，後者對培養員工有更強的責任感。先前討論過，創業家需要專注於個人最擅長的事情，思考帶領公司前進的種種方法。人員管理固然很重要，可是隨著企業不斷成長，那類個別接觸的工作有時需要部分授權給有能力做、甚至做得更好的人。在創業家的諸多挑戰中，人事管理不見得是最值得花時間心力的領域。事實上，大多數創業家可能不擅長激勵或培養員工。不過，在企業營運中，人員管理往往是眞正核心的工作。而那需要設身處地爲人著想的能力，親和性的重要特徵。**同理心未必是創**

業家的核心能力。這絕非創業家可以漠不關心員工或麻木不仁的藉口，只是在我的觀察中，創業家創業技能的強項不在管理和激勵人心方面有最強的表現。

內部創業家如何成功

那麼，你如何在企業中啓動自己的成功DNA？前面提過的「共生」基因，就是能讓你展現天生長處的成功啓動子。它使你能與他人合作，在所屬公司內部創造出一種逐步發展並富有創業精神的文化。那是一種有彈性、適應性強、以才華爲中心的文化。那是一種鼓勵發展個人天賦的文化。它使人們不斷成長，並且成就他們的「優生遺傳」(genetic best)。

在大企業，你可能無法像經營自家公司的創業家般影響企業文化。但是，那並不意味著你沒有能力左右企業文化。我相信，在你任職的企業中，內部文化愈有創業精神，個人成功的機會愈大，對你和你的同事皆然。身爲內部創業家，你是協助建立那種氣氛的重要成員。事實上，領導人的一個關鍵角色，就是提供員工最佳表現的工作環境。

你即使並非獨自創業的創業家，仍有可能與創業家，或至少自認爲是創業家的人打交道。你可能與創業家談判、協商，在曾經創業的人底下工作，或與像創業家般思考的人競爭。今天的企業視購併爲有效的成長方式。愈來愈多企業也發覺，它們正掌管許許多多獨立但相互整合的創業活動。企業開始瞭解，鼓勵被購併公司保存當初成功的創業精神十分重要，那又需要整個企業具備更強的創業思考。如果你想要成功，就必須瞭解、接納及協助推廣這類做法。成功的關鍵基礎離不開創業心態。

「創業家對經營事業或大學的價值，絕不下於他們創辦一家新企業，」澤爾表示。

成功管理者的基因

羅迪斯說過一個故事，那是在她擔任西南航空（South-west Airlines）人事部門主管期間發生的事情。這個故事顯示，表現有違本性的待人方式，結果可能適得其反。她指出，有位以過度自我中心出名的高階主管曾被告知，必須改進個人的人際技巧：

「問題出在傲慢自大。他是一個技術能力相當傑出的人，在這方面，他服務過的地方也都高度肯定，但是他認爲自己比所有部屬優秀，並且處處表現出這樣的想法。他使得人們紛紛求去。我們的經營團隊確實尊敬他的經驗，尊敬他的專業背景；組織高層耳聞他過去有多麼優秀。但是我知道他與這個組織的文化並不契合。他總認爲自己比別人優秀太多，這一套在這裡根本行不通。他只會說『噢，那是我做的』，而非『你做得太好了』。我告訴他，『道理很簡單，如果你在技術上那麼傑出，也知道你需要這些人，你最好開始表現得好像你需要他們。』但是當他嘗試去做時，卻顯得那麼虛假，以至於員工會跑來問我，『你昨天對他做了、說了什麼？』」

這位高階主管只是試著把不同的性格套在自己身上，而非真正瞭解並感謝別人的貢獻。不幸的，裝飾用的性格是透明的。眞正的性格總是會穿透而顯露出來。如果他無法讓自己相信他眞的需要別人，行事風格上也傳達出那樣的信念，他需要找一個比較適合他的作風的組織文化。

前面說過，每個人都有成爲好人的成功啓動子基因。如果你不能讓自己成爲一個好人，最好去找一個不必講求誠懇和仁慈的職務（祝你好運！），要不就是在組織中找到既能提供你所需要的技能，又能耐心幫你掩飾的人搭檔合作。如果你夠幸運找得到那樣的人，你還應該死心塌地付出他們所要求的一切，並且千萬別干預他們的做法。

像執行長般思考

你即使不是執行長，照樣也可以有內部創業家的思考，做法是提出新的策略性行動計畫，這是讓你前進的重要步驟。你應該淸楚說明這套方案的重要性，即使個別提案有瑕疵也無妨。如果你想讓別人瞭解一項專案計畫的價值，務必在準備中全心投入，徹底施展你的頂尖才幹。還有，如果一個內部創業計畫沒有被接受，你也無須爲此懊惱，從中學習。

體察上意

要推動你的內部創業願景，最快速的做法是，將它與公司或執行長的願景和價值觀連結。畢竟，上位者怎麼會對明顯與公司明訂的目標一致的事情沒興趣呢？體察上意的價值還表現在，你需要對所屬部門之外，整個公司有所瞭解。你要在公司體制內實踐內部創業精神或創新，單打獨鬥是不可能的。你需要一個盟友網絡。瞭解組織內部的其他市場能幫助你知道，你要說服的人需要什麼資訊。你應該把其他部門主管想成是一種創投家，他們投資的「資本」是他們部門的時間、資源及人力。你還應該利用你的人際網絡。如果你沒有權力或公信力，借別人的來用。想清楚組織中有誰可以幫忙，爲你的專案計畫進行遊說，他們又能從協助你當中獲得什麼好處。

掃瞄天際

對內部創業家和創業家同等重要的是：辨識出影響往後三年、五年、十年的種種趨勢。你可以把團隊的當前任務看成是自己逐步開展的願景中的一幅圖像。它雖然只是往後漫長事業生涯中一連串的圖像之一，你還是應該專心一意，盡可能將它完整地實現。你要在組織中發展成功的內部創業，務必認清它們的圖像，以及過程中你必須逐一採取的每個步驟。

向前看

一如創業家，內部創業家也會遇到阻礙，推動的專案計畫也可能功敗垂成。當這種情況發生時，具備創業家的復原力，可以讓當事人的生涯走向不會因一次挫折而被決定，企業也可能比個別創業家更能從一次失敗的試驗中，找到其他用途或市場。關鍵就在你能不能在公司裡找到擁護者助你一臂之力。這種緩衝作用正是很多身在企業的準創業家從不跳船的原因。如果你也有此傾向，何不善用企業資源？不斷提出能使組織更快速成長，富有創意、創業精神的想法。一旦其中某個想法能契合執行長的領導願景，就有成功的機會。你的想法即使缺少知音，至少你已表現出持續不斷挑戰自己和同僚提出新點子的意願。

創業投資計畫可能失敗。創業想法則無所謂成功失敗。想要創業的人可能不像比爾・蓋茲或麥可・戴爾之類人物，首次創業就能成功。他們可能無法在自己和別人預期的時間內成功。他們也不見得再試一次就成功。他們甚至可能在押對寶之前歷經無數次失敗。

但是眞正的創業性格會永無休止地支持一個願景，即使願景出現變化，照樣義無反顧。總會有那麼一個時間，個人條件、點子、環境及資源配合一致，共同創造成功。我爲什麼敢這樣說？因爲只要是天生的創業家，未達成功前絕不會放棄，而且通常到了成功之日還是努力不懈。創業家對成長、想法、創新、創作、成功及失敗有一種永不滿足的胃口。對創業家而言，失敗僅僅是邁向終極成功的中途休息站。

澤爾說，「混蛋是什麼，就是完成個人目標就停下來的人，你應該時時挑戰你的限度。」

拉出他人的成功基因

朋友最近告訴我，有個人力資源網站在討論改進公司的「拉拔辦法」(highering practices)。這個新詞彙看來很可笑，但也很貼切。你要像創業家般思考，其中就包括爲人員安排增進成功機會的職位。前面提過，創業家就是一個整合者。這一點對內部創業家而言更是如此。身爲內部創業家，你其實正在協助人員找到最適才適性的工作。那將增加他們爬到更高職位，發揮最大潛能，有最好表現的機會。換言之，你是在「拉拔」他們。

你要「拉拔」部屬，前提是瞭解他們天生的長處和弱點。先前提過，遺傳的人格特質通常維持長期穩定狀態。那意味著領導人做訓練、雇用及升遷的決定，如果不先考慮當事人的特質，等到後來面對頭痛員工時，問題可能尾大不掉。

領導人要考慮一個人的天性的理由還包括，通常在環境條件一致時，基因造成的差異表現最顯著。一群人的背景、教育程度、社會地位及教養愈相似，基因導致的個別差異愈明顯。如果二十個人吃完全相同的食物，食量相同，運動量也一樣，體重增加最快的一定是體質容易發胖的那些人。由此不難理解，一群背景相似的工程師，成就高低往往離不開受基因影響的人格特質。

但是，那並不代表環境不重要。作爲領導人，我們還是可以協助其他人啓動成功DNA，做法是提供適當的工作文化，協助人們盡可能且建設性地表現本身的基因。基本上，那需要一個有彈性、適應性強且尊重不同技能與性格的環境。它講求協力合作，鼓勵創業精神，能夠幫助每個人提出創新想法。還記得本章一開始提到蜜蜂中的「糧食徵收員」嗎？雖然基因可以準確預測出它們長大後會是糧食徵收員，或是蜂巢工人，可是它們的行爲仍然受所處環境的影響。研究人員發現，當年齡較大的糧食徵收員蜜蜂被從蜂巢移走時，年輕的蜜蜂會提早開始外出覓食。他們的結論是，蜜蜂的基因指令回應了所處環境的變化，需要到外面把花粉帶回家。基因可能影響一個人與生俱來的性格傾向，但是領導人仍然可以創造出一個環境，鼓勵創業思考，讓當事人的天賦徹底展現。

用人由內而外

找對的人培養他所需的技能，遠比找來身懷技能、但須重塑他或她的性格以符合特定角色容易。你可以改變的是技能而非天性。因此，當你分析一項職務時，不只要看工作內容，還要注意有助於成功扮演該角色的性格。

羅迪斯說，「在捷藍航空，我們要的是一種非常、非常與眾不同的空服員。我們會要求，

『請給我一個你曾經難以同意顧客要求的例子。』如果他們說，『我不會那樣做，因爲工作手冊第二十九頁規定不可以，』這種人將來很難成功。針對主管，我們會要求他們舉例說明，自己曾在什麼情況遇到難搞的屬下，以及他們如何處理。我想要贏家，但我不希望他們說，『我開除他們。』我也不希望他們說，『我答應他們的要求；我通知他們有三十天期限，給的是正式的書面通知。』我討厭那樣做。我希望身爲主管要能弄淸楚問題出在哪裡，嘗試培養底下的人；如果員工還是做不到，才說：『捲鋪蓋走路吧。』我希望他們不要依賴工作手冊，而是持續不斷地運用常識做出棘手決定。」

運用多元性協助公司發展

我認爲行銷領域，特別是女性行銷的機會無窮。我看得到那些機會，原因是我有機會與眾多才華卓越的女性共事。性別、種族背景、年齡層等方面的多元性，都能提供你擴展視野的新觀點。我傾向雇用女性擔任領導人職務，並不是想排除男性，其實我也有許多男性主管。但是我發現，在爭取特定職務而且能力相當的候選人中，女性對我重視的市場，通常有較寬廣、較深入、較有說服力的瞭解。

研究人員發現，有五十四個基因似乎會影響雄性和雌性老鼠大腦發展上的差異。其中十八個基因似乎在雄性老鼠身上表現較明顯，三十六個基因在雌性老鼠身上表現較明顯（切記，老鼠和男人的基因只有百分之二的差異）。我無意加入男女基因差異的論戰，只想大聲高喊：「**差異性萬歲！**」（Vive la difference!）我認爲差異性只會造就更多采多姿的世界，不知善用多元化的公司將開始面臨挑戰，更遑論日漸衰頹。

另外要謹記的是，創業思考需要整合很多不同的技能。優秀的領導人都會組織團隊。然而，很多人常忘記平衡自己與其他人的能力；他們希望每個成員都像他們。積極設法提高團隊的多元性，就是一種創業家般的思考，因爲創業家必須確定技能齊備，所有資源相輔相成。

多元性成爲優先考慮的障礙之一是，讓核心管理階層相信它的必要性或價值。如何排除此一障礙呢？做法是，證明你是對的。在Harrison & Star，有些合夥人一再挑戰我，質疑「爲什麼要雇用這麼多女性？難道不應該雇用男性擔任這些職務？」對我而言，那是一項POHEC實驗。我曾評估過商場上所接觸到的女性的表現。我的假設是，我們的廣告公司需要晉用更多女性。一般而言，女性的做事方式似乎最能令我們的客戶滿意，而客戶本身也雇用很多女性擔任以往男性爲主的角色。此外，我當時認爲，我們能創造出不同的客戶關係，如果能把這種看法帶進正在服務或發掘中的市場，還能吸引更多客戶。當合夥人看到公司因爲傑出的客戶服務表現，而以驚人速度成長時，我證明了自己的假設是正確的。再說一遍，這並不代表Harrison & Star只雇用女性；我們的員工中，很大比例是才華洋溢、非常忠誠的男性。我相信，有才幹的女性和男性之間的巧妙平衡，也是這家公司頭幾年迅速成功的原因之一。

但是，組織多元發展不是只靠增加女性或少數族群。記得第一章裡討論過不同類型的執行長嗎？其中有開創型執行長、守成型執行長、扭轉劣勢執行長、成長型執行長、強勢領導人執行長、前瞻且創新執行長，或許還有很多其他類型。我一直在思考一個理論：由於一個人的遺傳組成無法改變，因此要改變一個人的天性、管理風格或創業領導風格，若非不可能，也會很困難。依此類推，組織應該由同一個人無限期領導嗎？或只要他或她的領導作風和特質符合公司需要，就該考慮打破任期制嗎？

人類的DNA可能無法改變，但是公司DNA可以。隨著公司逐步發展，它的DNA開始改變，領導方式也需要改變，不同階段需要不同的組織和領導能力。比方說，新公司由創業家經營一陣子會有不錯的表現。如果公司成功了，可能需要不同技能的另一類領導人接手。這並不意味著第一代執行長已不再管用，而是對組織而言，那時候的他或她可能不是最理想的執行長。

我認爲執行長需要更換和調動，如同其他層級的員工，重點是他們的先天技能要能符合公司需要。這不僅爲執行長，也爲公司提供新的成長機會。

訓練由內而外

公司環境愈有創業精神，既有職務愈會醞釀出更多工作。你要鼓勵創業氣氛，就要設法培養員工的核心競爭力，並且讓那些競爭力回頭塑造他們的角色，而不是設計出一堆嚴格要求，逼員工符合工作說明書。在生產Gore-Tex布料的戈爾公司（W.L.Gore），新員工受聘是參與實踐該公司所稱的「使命」（commitment），而非某一特定工作。團隊則是基於明確具體的機會而組成，領導人通常也是順其自然產生。每位新雇員都由公司指派一位師傅（sponsor）。師傅要協助新人瞭解公司使命，找出能發揮個人技能，創造初期成就的工作。師傅也會協助當事人轉換不同團隊，好讓他的技能搭配適當的專案計畫。戈爾公司相信，這種策略通常能吸引、創造及培養富有創業精神、主動做事的人。

當費爾茲．羅絲開始雇人銷售餅乾時，她會親自面試。她自創了3S法則：品嘗（Sampling）、銷售（Selling）及歌唱（Singing）。首先，她要他們品嘗餅乾（「如果他們吃了，並且很喜歡，我知道我根本不必撰寫銷售手冊。人們都會推銷他們喜歡的產品」）。一旦她知道他們喜歡那餅乾，她就會給他們一盤，要他們到街上分送給可能的顧客試吃。這是她所知道，公司不靠廣告而能成長的唯一方式。她稱之爲「試了就買」（Try and Buy）銷售方法：「我必須知道他們會做這件事。」最後但同樣重要的一關是，她會問他們，能否大聲唱出她最喜歡的一首歌：《祝你生日快樂。》爲什麼？「人人都知道這首歌，我要找的是願意盡力讓顧客開心微笑，也樂於協助公司成長的人──『我做得到』（I can）的人。」

你可以訓練某人唱《祝你生日快樂》，但是你無法訓練他們喜歡這麼做。這就是由內而外的訓練。

協助烙印成功

有些公司相信新雇員應該接受最嚴苛的試煉。我不確定那是最好的做法。一出手就表現優異的新人，會建立起自己的成功模式，並造成深遠的影響。讓新進人員一開始就在能發揮天生優勢的環境中工作。協助他們瞭解你對那些長處的看法，他們應該如何善用這些長處。在某些情況下，你可能需要花些心力找出他們潛藏的特質，不要斷然否定人們擔任某些工作的資格，而是以主管的權限，協助他們發掘自己最有價值的性格層面。

以身作則

你所專注的，也是你的組織用力所在。如果你表現出重視逐步發展、冒險及尋找機會，組織也會是如此。因此，你應該創造出一種專注於利用機會的氣氛。

這正是美國航空在克蘭道爾領導下的創新方式。乍看之下，克蘭道爾一點也不像創業家。不過，他在擔任美國航空總裁和執行長期間，公司因推動多項高度開創性的專案計畫而備受矚目。他推出Super-Saver，首創預購票大折扣辦法。他領導開發航空業的第一套營收管理系統，使得業績大幅增加，這套系統如今也成爲產業標準。他首創飛航常客優惠辦法，名爲

AAdvantage。這些做法統統充滿創業精神。

「我們曾經投資過數百個沒有成功的點子。我們在它們演變成災難前喊停。有一次，有人提議，在指揮刀（SABRE）系統下設立一個專門籌備會議的網站。我們設了，也做了一些試驗。結果發現，經營旅館和開會場地的人，那些照理說會樂於更新資料庫的人無法配合。還有，如果資料庫不即時更新，負責籌備會議的人當然也不會上網使用它。我們撐到確信它不可能成功，在它造成更大損失前毅然結束。再規矩的企業都應該尋求一些新點子。我們的態度是，『如果你有新點子，不妨找我談一談。』如果聽來還算有道理，我們會投資一些錢先做點分析。如果分析的結果顯示那是個好點子，我們會同意繼續做下去。如果行不通，也不必回頭對提案人說：『這個行不通。你被炒魷魚了。』如果你想成爲領導人，就得提供資源給熱心提點子的人。你還必須鼓勵他們，對那些第一擊沒成功的人說，『沒事，換個新點子吧。』」

發送鼓勵基因表現的訊息

如果員工知道如何協助公司達成目標，他們的成功基因將有更多表現機會。但是，要讓員工像創業家般思考，領導人必須幫助他們明瞭公司打算要做什麼，以及爲什麼要那樣做。

哈雷機車執行長提爾林克的父親是工業模具產業的創業家。提爾林克說他的父親堅持每天從後門進公司，並與操作壓床的人員聊一聊：「我有一次問他爲什麼要那樣做。他說，『眞正有行動的地方是在現場，而不是辦公室。』我想如果你營造出公司打算做什麼的氣氛，員工會瞭解，也會想跟隨你。你給他們一個目標。然後，挑戰就在於你如何爲他們創造機會？你如何看出他們是否具備應有的訓練和養成？這其實是大多數組織錯失良機之所在。他們喜歡說大話，卻未要求員工善盡個人職責。你要讓員工爲所當爲，唯一方式就是要求他訂定自己的目標。可是他們必須先瞭解正在進行的一切，才可能有效訂出自己的目標。一旦他們開始設定自己的目標，他們就會變得更投入。」

當然，領導人能做的事情總是有限。你能鼓勵員工到什麼程度，還得看**他們的**天賦。但是，要做一個成功的領導人，離不開發掘員工天賦，提供他們適才適性的成功機會的能耐。

表現「好人」基因的十二法則

有些原則同時適用於領導自己的公司或當個內部創業家。大體上，它們與性格或遺傳無關。它們是一種與他人互動的基本原則，通行於組織內部或外界，而且適用於部屬、同僚及上司。

一、不看輕別人，也別讓他們看輕你

你應該尊重每個人都有缺點，但是在尊重的前提下，要求他們有最好的表現。努哈斯指出，「成功主管的目標是，讓組織成員超越自己的侷限，淋漓盡致地表現才華。要怎麼做，就看作爲領導人的你如何找出激勵對方的有效做法。」

二、尊重每個人的偉大想法

你該做個好人的理由可以很實際，因爲你無從研判，下一次成功的契機從哪冒出來。它可能是源自一個錯誤、一則資訊、一個意見、一次個別接觸、一個啓發思考的引句。你的下一次創業成功，可能源自你最想不到的人。以我爲例，來自我的指導教授。但是，這一切全靠你聆聽每個人的偉大想法。

三、照單全收

你享受成功，也要承受犯錯的責任。你如果試圖推諉責任，其實效果適得其反。不要說謊，即使是無傷大雅的小謊。

四、別把憂慮丟給別人

沒有人關心你的問題。他們關心的是自己的煩惱。你應該把焦點放在他們的問題，從當下到你預期後來會出現的問題，並且協助他們解決那些問題。

五、保持單純

撇開道德問題不談，誠實讓你可長可久。你不必費心牢記曾經爲了什麼，在什麼時候，對誰說了什麼。你或許能夠掩蓋事實眞相，躲過三、四天。但是，眞正的成功者根本無暇掛心要如何掩蓋自己曾做過的事情。誠實意味著需要牢記的事情比較少。你眼前的事情已經夠多了，別再爲圓謊操心。幫自己一個忙吧。說實話更輕鬆、更容易。

六、別斤斤計較

重要的不是今天的你或某人做了什麼。重要的是在彼此的關係上，你能創造什麼正面的價值。重要的是知道你隨時都可以被信賴。你不必每次上場打擊都轟出全壘打。你只需要把球打到得分點就行了。

七、過猶不及

你愈想令某人印象深刻，效果通常適得其反。過去幾年來，人心的電波探測器（BS detectors）不斷精進。相信我，正直、謙遜永遠勝過虛假的自我。

八、言行一致

一致性或許可以解讀爲小人物冥頑不靈（譯註：出自美國詩人愛默生常被引用的句子，A foolish consistency is the hobgoblin of little minds.），但是談到待人接物時絕對不適用。你的行爲要符合你所說的，你的話要對你有約束力。這就像刷牙：每週只刷一次牙，但用上七倍力道，對你的好處並不等於天天刷牙。不要搞什麼見人說人話的把戲。說服的藝術就在於信任。信任又與可靠性有關，而可靠性來自言行一致。做個好人，始終如一。

九、不說謊：解決讓你認爲需要說謊的問題

說謊通常是想配合或掩蓋不當的經營做法。如果你非說謊不可，大概是你做生意的方式有問題。比方說，如果顧客付款拖延導致你擔心不能如期支付員工薪水，你應該重新檢討付款辦法，而不是透過不付員工健保津貼作爲資金調度。解決事業上的問題，別虛應故事。

但是，假如要你說謊的是你的老闆，怎麼辦？絕不應該有這種事。果眞如此，趕快換個老闆吧。否則，長此以往，對你自己絕無好處。很多創業家就是因此踏上創業之路。還有，己所不欲，勿施於人。

十、時時刻刻心存感謝

淸楚自己所擁有的權力就知道不需要濫用權力。負責任，不居功。絕不自以爲是，高高在上，以致不屑與基層握手或說聲「謝謝」。

十一、維持敞開你的大門和你的心

員工想進來說些什麼，何妨做個平易近人的聽眾。如果你眞的想聽到一個人的心聲，暫時拋開有關對錯的判斷，用同理心瞭解對方，並且保持同情心。

十二、通情達理

有位員工上班一週後跑來找我，原因是她先生的兄弟過世了，她說，「這眞難以啓齒，但是我眞的覺得我應該陪先生回去參加喪禮。」我說，「這還用說嗎？家人永遠是最重要的。你需要待多久就待多久。不必掛心這邊的事情。我們會找人暫時代理你的工作。」我要再次強調：人們不是離開公司，他們離開的是老闆。你要吸引並留住人才，就應該讓他們發揮人性。

結語

多年來，我一再注意到，最成功的人，其實是懂得選擇適合自己性格的環境與挑戰的人。他們不刻意適應環境，他們依自己是怎樣的人，或期望自己成爲怎樣的人，而選擇或創造適合自己創業的環境。他們不在強迫自己上面用力，而在充分發揮自己是怎樣的人上面下工夫。他們改造周遭環境，而不是隨環境起舞。

你可能認爲自己不是天生的創業家，但並不代表你不能像創業家般思考。本書並沒有提出成功的萬靈丹。人類DNA包含二萬至三萬個不等的基因。它們組合和表現的方式接近無限的可能性。這是爲什麼每個人都是獨一無二的道理。在通往成功的途徑上，也沒有一體適用的萬靈丹。每個人都有一帖適合自己的處方。**本書的目的是，協助你看到屬於你的成功處方**。本書中的成功人物懂得運用他們的天賦本能，創造出能強化和發揮與生俱來長才的環境。聆聽他們的故事可以幫助你開始像創業家般思考。這些成功者在創業之初其實與你我沒兩樣。差別在於，他們瞭解自己是怎樣的人，也利用體內每一個基因。他們發展出一連串生涯拓展圖像，並且全力以赴。有爲者亦若是，做法是瞭解你自己的天賦，想像你的成功圖像，並擬定你實現那幅圖像的計畫。如此一來，你正在啓動天賦走向最適合的成功。

國家圖書館出版品預行編目資料

創造成功本能 / Thomas L. Harrison著；
邱如美譯.－－初版.－－
臺北市：大塊文化，2010.03
面；　公分.－－(touch ; 56)
譯自：Instinct : tapping your entrepreneurial DNA
to achieve your business goals
ISBN 978-986-213-169-5（平裝）

1. 職場成功法 2. 工作心理學 3. 自我實現

494.35　　　　99001911

LOCUS

LOCUS

LOCUS

LOCUS